一口气读懂常识丛书
YIKOUQI DUDONG CHANGSHI CONGSHU

一口气读懂

U0632546

物理常识

本书编写组◎编

NEW

世界图书出版公司
广州·上海·西安·北京

图书在版编目（CIP）数据

一口气读懂物理常识／《一口气读懂物理常识》编写组编 . —广州：广东世界图书出版公司，2010.4（2021.5 重印）

ISBN 978 - 7 - 5100 - 1548 - 9

Ⅰ . ①一… Ⅱ . ①一… Ⅲ . ①物理学 – 青少年读物

Ⅳ . ①O4 – 49

中国版本图书馆 CIP 数据核字（2010）第 059282 号

书　　名	一口气读懂物理常识	
	YIKOUQI DUDONG WULI CHANGSHI	
编　　者	《一口气读懂物理常识》编写组	
责任编辑	李翠英	
装帧设计	三棵树设计工作组	
责任技编	刘上锦　佘坤泽	
出版发行	世界图书出版有限公司　世界图书出版广东有限公司	
地　　址	广州市海珠区新港西路大江冲 25 号	
邮　　编	510300	
电　　话	020-84451969　84453623	
网　　址	http://www.gdst.com.cn	
邮　　箱	wpc_gdst@163.com	
经　　销	新华书店	
印　　刷	三河市人民印务有限公司	
开　　本	787mm×1092mm　1/16	
印　　张	13	
字　　数	160 千字	
版　　次	2010 年 4 月第 1 版　2021 年 5 月第 8 次印刷	
国际书号	ISBN　978-7-5100-1548-9	
定　　价	38.80 元	

前　言

　　物理学是一门研究物质结构、物质相互作用和运动规律的自然科学,是一门以实验为基础的自然科学。

　　"物理"一词最先出自于希腊语,原意是指自然。古时候欧洲人都称物理学为"自然哲学"。从广泛的意义上来讲,物理学就是研究大自然现象及其规律的学科。

　　在物理学领域里,它研究的是宇宙的基本组成要素,即物质、能量、空间、时间以及它们的相互作用。在过去,物理是由和它极其相像的自然哲学的研究所组成的,一直到 19 世纪,物理学才从哲学中分离出来,成为一门独立的实证科学。

　　物理学不仅是一门实证科学,更是一种智能科学。如诺贝尔物理学奖得主、德国科学家玻恩所说:"与其说是因为我发表的工作里包含了一个自然现象的发现,倒不如说是因为那里面包含了一个关于自然现象的科学思想方法基础。"物理学之所以被人们公认为是一门重要的科学,不仅仅在于它对客观世界的规律作出了深刻的揭示,更主要的是因为它在发展、成长的过程中,形成了一整套独特而卓有成效的思想方法体系。正是因为如此,才使得物理学当之无愧地成为人类智能的结晶。

　　物理学的思想和方法不仅对物理学本身具有很大的价值,而且对整个自然科学,乃至社会科学的发展都有着重大的意义和贡献。曾经

有人估算过，自 20 世纪中叶以来，在诺贝尔化学奖、生物及医学奖，甚至经济学奖的获奖者中，有 50% 以上的人具有物理学的背景。这就意味着他们从物理学中汲取了智能，进而在非物理学领域里获得了巨大的成功。这就是物理智能的力量。难怪国外曾有专家说："没有物理修养的民族就是愚蠢的民族！"物理学的重要性由此可见。

物理学是现代文明的基础，是当今众多科学技术发展的基石。物理贴近生产、贴近生活，在日常生活中的应用是无所不在、无处不见的，力、热、声、光、电等现象中不仅包含着很广泛的物理知识，而且在日常生活、生产中都有着广泛的应用。学习物理不但能学到物理知识，提高生活能力，而且还能学到一些研究问题的方法，这对我们处理问题、解决问题是非常有用的。对于我们个人来讲，掌握一些必要的物理知识可以帮助我们在生活中解决很多实际问题。对于一个国家和民族来讲，掌握必要的物理学知识有助于国家的繁荣昌盛和民族的兴旺发达。

我们的生活离不开物理，科技离不开物理，整个社会的发展进步也离不开物理。因此，作为 21 世纪的时代先锋，作为国家的建设者和储备军，我们非常有必要掌握一些物理学常识。

本书共分 6 章：力和运动学、声学、热学、光学、电磁学、实用电学。本书从理论和实践的双重角度出发，力求将理论和生活实践相结合。希望您能够从本书中收获知识、汲取营养、提高能力，从而为您的生活排忧解难。

由于编者的知识水平和经验有限，书中难免会有错误和不妥之处，敬请广大读者朋友予以批评指正，在此表示感谢！

目 录

力和运动学篇

一口气读懂物理常识

一口气读懂物理常识

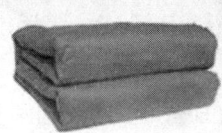

声学篇

热学篇

一口气读懂物理常识

一口气读懂物理常识

光学篇

一口气读懂物理常识

电磁学篇

一口气读懂物理常识

一口气读懂物理常识

实用电学篇

一口气读懂物理常识

力和运动学篇

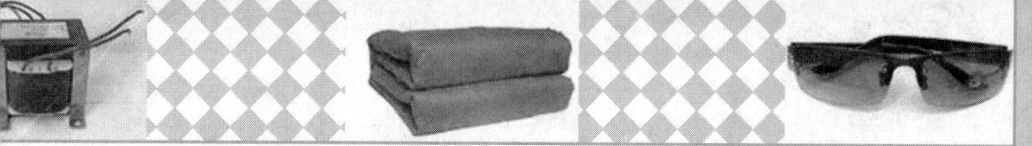

什么是力？

力是物体之间的相互作用。力包括 3 个要素，即大小、方向、作用点。力的国际单位是牛顿，简称牛，用符号 N 表示。这是为了纪念著名英国科学家艾萨克·牛顿而命名的。

力主要有以下特性：

(1)物质性：力是物体对物体的作用，一个物体受到力的作用，一定有另一个物体对它施加这种作用，力不能脱离物体而独立存在。

(2)相互性：任何两个物体之间的作用都是相互的，施力物体同时也一定是受力物体。

(3)矢量性：力是矢量，既有大小又有方向。

(4)同时性：力的作用是同时的。

(5)独立性：一个力的作用并不影响另一个力的作用。

现实生活中，力是非常常见的，比如：人举起杠铃，人对杠铃用了力；人推车，人对车用了力；人提物体，人对物体用了力。在这里举、推、提……都是人对物体的作用，都是力的表现形式。

力的作用效果有哪些？

力的作用效果是使物体产生形变或者是使物体的运动状态发生改变。

(1)力可以使物体发生形变。试想一下，把力作用在气球上，气球就会变形，只需很短一段时间就能恢复原样，这就是力的作用；把力作用在橡皮泥上，橡皮泥也会变形，并且需要经过很长的

一口气读懂物理常识

3

时间才能恢复原样。因为橡皮泥是物质原子发生了改变，而气球是气体分子发生改变。

（2）力还可以改变物体运动状态。主要包括以下三种情况：速度大小改变，方向不变，例如加速或减速直线运动；速度方向改变，大小不变，例如匀速圆周运动；速度大小和方向都改变，例如一般曲线运动。

什么是胡克定律？

胡克定律是力学的基本定律之一，是适用于一切固体材料的弹性定律，它的内容是这样的：在弹性限度内，物体的形变跟引起形变的外力成正比。这个定律是英国科学家胡克发现的，因此称为胡克定律，又译作虎克定律。

胡克是一个贫苦的学生，但他非常刻苦努力，因为没办法上大学，只好当了义工，顺便偷听课程，被波义尔发现，但他没把胡克赶走，反而把胡克叫进来上课。从此，胡克的转机来了，他帮助波义尔发现了波义尔定律，即气体的体积与压力成反比，这使波义尔很欣赏他，让他进了皇家科学研究院。虽然一直被排斥，但胡克还是忍了下来，后来，他又发现了对固体施力，与物体的变形，在应力不很大时，是简单的正比关系，而其比例常数，随物质的种类不同而不同，因此是物质性质之一。这就是胡克定律。这个定律开启了物性学和弹性力学的研究。

胡克定律的表达式为 $F=-kx$ 或 $\Delta F=-k\Delta x$，其中 k 是常数，是物体的劲度或称为倔强系数。在国际单位制中，F 的单位是牛；x 的单位是米，它是形变量（弹性形变）；k 的单位是牛／米。倔强系数

在数值上等于弹簧伸长或缩短单位长度时的弹力。

胡克定律是物理学的重要基本理论。胡克的弹性定律指出：弹簧在发生弹性形变时，弹簧的弹力 F 和弹簧的伸长量或压缩量 x 成正比，即 $F=-kx$，其中 k 是物质的弹性系数，它是由材料的性质所决定的，负号表示弹簧所产生的弹力与其伸长或压缩的方向相反。

弹簧秤是根据什么原理制成的？

中学物理教科书上有这么一段话："弹簧受到的拉力越大，弹簧的伸长就越长。利用这个道理做成的测力计，也叫做弹簧秤。"这句话说明了弹簧秤的制作原理，即弹簧秤是根据胡克定律制作而成的。弹簧秤又称为弹簧测力计，是利用弹簧的形变与外力成正比的关系制成的一种测力工具。

弹簧秤分为压力和拉力 2 种类型，压力弹簧秤的托盘承受的压力等于物体的重力，秤盘指针旋转的角度指示所受压力的数值。拉力弹簧秤的下端和一个钩子连在一起，弹簧的上端固定在壳顶的环上，将被测物体挂在钩上，弹簧即会伸长，而固定在弹簧上的指针就会随着下降。由于在弹性限度内，弹簧的伸长量与所受的外力成正比，所以作用力的大小或物体重力可以从弹簧秤的指针指示的外壳上的标度数值直接读出来。

在使用弹簧秤时应注意所测物体的重力或力不能超过弹簧秤的量度范围，还应该注意弹簧秤上的分度值，检查在弹簧秤未挂物体时指针是否指在零刻度上，如果不在零刻度上应该进行修正。在没挂物体前，最好轻轻地来回拉动挂钩几次，防止弹簧指针

卡在外壳上。此外还应该注意不要让弹簧和指针跟外壳摩擦，以免误差过大。

什么是重力？

重力是一个非常重要的物理学概念，用字母 G 表示。重力的方向是竖直向下的。地面上同一点处物体受到重力的大小跟物体的质量 m 成正比，用关系式表示就是 $G=mg$。通常在地球表面附近，g 值约为 9.8 牛/千克，意思是质量是 1 千克的物体受到的重力是 9.8 牛。

不过目前国内外各种课本和参考书对重力的定义并不一致，大致可以分为以下 3 种：

第一种定义：地球对物体的引力称为重力，重力就是由于地球吸引而使物体受到的力。

这个定义很明确，重力就是指地球对物体的万有引力，其方向就是地球对物体引力的方向，即指向地球中心。按照这个定义，重力就成了引力的同义词。但是，这个定义只有在不考虑地球自转所引起的效果时才有意义。

第二种定义：地球对地球表面附近物体的引力称为重力。

这个定义的特点是加了"表面"、"附近"这类限制词。那么"表面"、"附近"有怎样的作用呢？如果只是一个区域性概念的话，那就是说只有地球表面附近的引力才能称为重力，除此以外，就只能称为引力。那么，到底距离地球表面多远才能算是"表面"、"附近"呢？物理学上一般认为距离地表大约 2000 米的范围以内，算是附近。

一口气读懂物理常识

第三种定义：质点以线悬挂并相对于地球静止时，质点所受重力的方向沿悬线且竖直向下，其大小在数值上等于质点对悬线的拉力；实际上，重力就是悬线对质点拉力的平衡力；物体在地球表面附近自由下落时，有一竖直方向的重力加速度 g，产生此重力加速度的力称为重力。

这种定义分别从静力学形式和动力学形式给出了重力的"操作性定义"，并且暗示了重力不是纯地球引力，而是把地球自转影响考虑在内的地球引力和物体随地球绕地轴转动所受的向心力之差。美中不足的是这种定义没能明确表达出重力的主要本质，即"地球引力"这一本质因素。

因此，以上三种关于重力的定义都不够确切。综上所述，重力比较确切的定义应该是：随地球一起转动的物体，所表现出的、所受地球的引力，称为物体的重力。根据这个定义，我们可以看出，重力的内涵主要包括以下几个方面：

（1）重力的本质来源是地球的引力；

（2）重力是一个表观的概念，是物体随地球一起转动时受到地球的引力；

（3）重力等于物体受地球的引力和随地球绕轴转动所需向心力的矢量差；

（4）重力的方向总是竖直向下的；

（5）重力是由于地球的吸引而产生的，但不能说重力就是地球的引力。

一口气读懂物理常识

什么是重心？

　　一个物体的各部分都会受到重力的作用。从效果上看，我们可以认为各部分受到的重力作用集中于一点，这一点就叫做物体的重心。

　　质量分布均匀的物体，重心的位置只与物体的形状有关。有规则形状的物体，它的重心就在几何重心上，比如，均匀细直棒的中心在棒的中点，均匀物体的重心就在球心，均匀圆柱的重心就在轴线的中点。不规则物体的重心，可以采用悬挂法来确定，不规则物体的重心，不一定在物体上。

　　质量分布不均匀的物体，重心的位置除了跟物体的形状有关外，还跟物体内质量的分布有关，比如载重汽车的重心随着装货的多少和装载位置的不同而有所变化，起重机的重心随着提升物体的重量和高度而变化。

　　从力学观点出发，一切物体都是由无数个小的质点组成的。如果把人体作为一个质点系，那么，它也是由身体各个部分的质点所组成的。那什么是质点呢？所谓质点，就是把物体设想成没有大小形状，只具有一定质量的几何点。人体是由头、颈、躯干、上臂、下臂、手、大腿、小腿、足这些环节组成的，人体各环节的运动和整个人体的运动紧密地联系着。运动中，根据我们对动作分析的需要，我们可以把组成人体的这些环节都看成是人体质点系的一个个小的质点，通过对这些质点的分析，再把这些质点的运动形式联系在一起，就可以对整个身体的运动状态有一个准确的把握。

一口气读懂物理常识

任何一种物体都会受到地球引力的作用，构成人体的各个质点所受到地球引力的合力，就是整个人体的重力。人体在运动时，无论它的位置怎么变化，重力的方向是不会改变的，始终是与水平面垂直的，它的合力作用线始终通过人体的同一点，这一点就是人体的重心。简言之，重心就是人体重力的合力作用点。

人体是由很多环节组成的，每个环节也都有自己重力的合力作用点，我们称之为环节重心，比如前臂环节的重心，就叫前臂重心。运动中各个环节的重心组合起来，就形成了即刻身体的合力作用点，叫做人体的重心或身体的重心。

由于个体在骨骼大小、肢体长短、肌肉发达程度、脂肪多少等方面都会有所差异，因此人体重心位置也是存在个体差异的。女子因为下肢一般比男子短，加上骨盆比男子宽，因此，女子重心要比男子低。儿童的头和躯干的质量在身体中所占的比重要比成人的大一些，因此，儿童的身体重心会比成人的要高一些。两个人的身高相同，如果其中甲的上体比乙发达，乙的下肢比甲发达，那么，甲的身体重心就比乙的稍高。

人体重心位置不仅因人而异，就是对同一个人来讲，也不是固定不变的。这种变化，除了受形态上的改变以外（比如肌肉、脂肪的增长或消退等），还会受到呼吸、消化、血液循环等因素的影响，特别是在运动中，重心会随着人体姿态的变化而变化。人体在运动时，重心变化的范围会非常明显。经研究得知，凡是上、下肢向上运动，人体重心的位置就会升高，上、下肢向上并向前运动，人体重心的位置就在升高的同时并前移；上、下肢向上并向后运动，人体重心的位置升高并后移；人体前屈，重心位置就跟着前

移,甚至超出体外等等。比如射击项目,哪怕只是呼吸重心改变1厘米,都会带来脱靶的可能。在体操和摩托等项目中,重心不在人体内的现象更为广泛。上述这些,都是我们研究体育运动中重心变化的理论依据。

什么是合力?

在物理学上,如果一个力产生的效果和另外几个力共同作用时产生效果相同,那么这个力就叫做另几个力的合力。

合力的方向应该是指几个力合成之后的方向,如果是两个力,那么对角线的方向即为合力的方向。如果两个力是平衡力,那么,其合力即为零。例如:有一个箱子摆在你面前,你用左手往右推的同时,用右手往左推,如果箱子原地不动,就说明你两只手用力相等,这时箱子的合力即为零。

合力是作用在物体上所有的力产生的总的效果,这些力既包括物体系统内部的相互内力,还包括物体受到的外部外力,把这些力产生的总效果表现出来,即为物体所受到的合力。实际上提出合力的概念只是为了研究问题的方便,合力是一种实际上并不存在的力。

在物理学上,与合力相对应的就是分力。如果一个力作用于某一物体,对物体运动产生的效果相当于另外的几个力同时作用于该物体时产生的效果,那么这几个力就是原先那个作用力的分力。例如,拉一放置于水平面上的小车时,向斜上方所用的拉力可以分解为两个分力:一个水平向前使小车前进,另一个垂直向上以减少重物对水平面的压力。

什么是摩擦力？

两个互相作用的物体，当它们发生相对运动或有相对运动的趋势时，在两物体的接触面之间就会产生阻碍它们相对运动的作用力，这个作用力就叫做摩擦力。

摩擦力在本质上是由电磁力引起的。物体之间产生摩擦力必须要具备以下 4 个条件：

（1）两个物体必须相互接触；

（2）两个物体必须相互挤压，发生形变，有压力；

（3）两个物体必须发生相对运动或具有相对运动的趋势；

（4）两个物体间接触面必须粗糙。

摩擦力分为静摩擦力、滑动摩擦力和滚动摩擦力 3 种。

两个互相接触的物体，当它们要发生相对运动，即只有相对运动趋势时，在它们的接触面上产生的摩擦力就叫静摩擦力。比如，传送带把货物往上运的过程中，如果没有摩擦力，则货物要沿斜面下滑，所以物体有沿斜面下滑的趋势，所以传送带给了货物一个沿斜面向上的静摩擦力的作用，以阻碍货物向下滑的运动趋势。

当两个物体间有相对滑动时，在它们的接触面上产生的摩擦力叫做滑动摩擦力，比如桌子在地上滑动时，桌子和地面间有滑动摩擦；人滑冰时，冰刀和冰面之间有滑动摩擦。

物体间发生相对滚动时所产生的摩擦力叫做滚动摩擦力，比如"呼啦圈"在地上滚动时产生的摩擦等。

滚动摩擦力实质上是一种静摩擦力。接触面越软，形状变化

越大,则滚动摩擦力就越大。一般情况下,物体之间的滚动摩擦力远远小于滑动摩擦力。在交通运输以及机械制造工业上广泛应用滚动轴承,就是为了减少摩擦力。比如,火车的主动轮的摩擦力是推动火车前进的动力,而被动轮所受之静摩擦则是阻碍火车前进的滚动摩擦力。

在日常生活中,摩擦力是一种非常常见的物理现象,比如:当你在路面行走时,因为鞋底与地面之间存在静摩擦力,所以你的脚才不会在地上打滑。相反,当你在雪地、冰面或极光滑的地砖上行走时,由于鞋底与地面之间摩擦力太小,稍不留神,你就可能滑倒。

不仅是在两个物体间发生相对运动的情况下存在摩擦力,在两个互相接触但未发生相对运动的物体之间也存在着摩擦力,比如:你之所以能站在斜坡上而不滑下来,就是因为你的鞋底与斜坡之间有足够大的摩擦力;你之所以能用钉子把两块木板钉在一起,是因为钉子与木板之间有足够大的摩擦力。

上述的生活经验告诉我们,在我们的实际生活中,摩擦力是必不可少的。

什么是机械运动?

机械运动是宇宙中最普遍的现象,物体之间或同一物体各部分之间相对位置的变化叫做机械运动。它是物质的各种运动形态中最简单、最普遍的一种。它包括2个方面的内涵:①两个物体之间的相对位置发生了改变。比如,一辆车在公路上行驶,它相对于地面上固定的物体发生了位置的改变,因此我们说车发生了机械

运动。②当物体的一部分相对于另一部分的位置发生改变的过程也叫做机械运动。比如，汽车的车轮子绕着固定轴转动，轮上的各部分相对于轴在做机械运动。日常生活中最常见的机械运动有平动和转动，例如地球的转动、弹簧的伸长和压缩等都是机械运动。

什么是参照物？

在研究机械运动时，人们事先选定的、假设不动的、作为基准的物体叫做参照物。

参照物具有如下的特征：

（1）客观性。宇宙中一切事物都是永不停息地运动着的，绝对静止的物体是不存在的。平时，我们说某个物体是运动的或是静止的，都是相对于另一个物体（参照物）而言的。在描述物体的运动情况时，无论是否提到了参照物，参照物总是客观存在的，这就是参照物的客观性。

（2）假定性。参照物只是假定的不动而不是真正的不动。和其他物体一样，参照物也处于永恒的运动之中，这就是参照物的假定性。

（3）多重性。由于确定一个物体是运动的还是静止的，关键是看选择什么物体作为参照物。因此，我们研究的运动是相对运动，这就是参照物的多重性。换句话说，对同一物体的研究，可以选择不同的物体作为参照物。当所选择的参照物不同，对物体运动的描述结果也往往不同。比如，坐在匀速行驶的汽车中的乘客，如果以车为参照物，则他们是静止的；但是如果以路旁的建筑物或树木为参照物，他们则是运动的。

　　判断一个物体是运动的还是静止的，要看这个物体与所选参照物之间是否有位置变化。如果位置有变化，则物体相对于参照物是运动的；如果位置没有变化，则物体相对于参照物是静止的。例如：电影《闪闪的红星》里有这样两句歌词："小小竹排江中游，巍巍青山两岸走。"在第一句中，观察对象是"竹排"，如果以"青山"作为参照物，竹排是运动的（江中游）；在第二句中，观察对象是"青山"，如果以"竹排"作为参照物，青山是运动的（两岸走）。

什么是速度？

　　速度是描述物体运动快慢的物理量。但在中学教科书中，速度的定义用语并不一样。初中的教科书把速度定义为：物体在单位时间内通过的路程的多少；而高中的教科书把速度定义为：速度等于位移和发生位移所用时间的比值。

　　速度用符号 v 表示，定义为：$v=s/t$。其中，v 为速度，s 为位移，t 为发生位移 s 所用的时间。在国际单位制中，速度的基本单位是：米/秒（m/s），其他常用的单位还有千米/时（km/h）、米/分（m/min）等。

　　在物理学中，还有一个与速度相似的概念需要我们了解，那就是速率。速度的大小叫做速率，通常也称为速度。不过速度和速率是有区别的，速度是矢量，它是位移与位移所用时间的比值，有方向；速率是标量，它是路程与路程所用时间的比值，没有方向。

位移和路程有什么区别？

　　物体从三维空间的一个位置运动到另一个位置，它的位置变

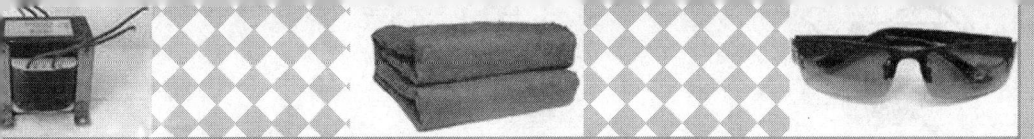

化叫做该物体在这一运动过程中的位移。位移是描述质点位置变化的物理量，其大小等于起点到终点的直线距离，位移只与物体运动的始末位置有关，而与运动的轨迹（路径）无关。方向由起点指向终点。它是一个有大小有方向的物理量，即矢量。

位移和路程是有区别的：位移是矢量，而路程是标量；位移是起点到终点的直线距离，而路程是路径的长度。比如：一个做圆周运动的物体，从某一点出发，经过一圈又回到了起点，那么，这时物体的位移即为 0，但是路程是这个圆的周长。

瞬时速度和平均速度有什么不同？

运动物体在某一时刻或某一位置的速度叫做瞬时速度；物体通过的位移和所用时间的比值叫做平均速度。

瞬时速度是运动物体在某一时刻或某一位置的瞬间速度；而平均速度则是运动物体在某一段时间或某段位移的平均速度，它们两个都是矢量。

我们可以以汽车为例，来形象地说明二者的区别：可以想象，汽车运行的速度总是在变化的，那么它就是由无数个瞬时速度组成的；而经过一段时间以后，就可以用平均速度来归纳一下汽车运行的效果。

从平均速度上，我们无法看出汽车中途运行的快慢，也许前面快后面慢，也许后面快前面慢，又或者基本保持匀速。因此平均速度只是一个结果；而瞬时速度反映的是具体的行驶过程。

在匀速运动中，任何一个时刻的速度都是一样的，因此瞬时速度和平均速度是相等的。在匀变速运动中，又分为 2 种情况：①

初速度为零,瞬时速度为 $v=at$(a 为加速度,t 为时间);②初速度不为零,瞬时速度为 $v=at+v_0$(v_0 为初速度)。

什么是匀速直线运动?

物体在一条直线上运动,并且在任意相等的时间间隔内通过的位移相等,这种运动就叫做匀速直线运动。做匀速直线运动的物体,在不同的位移或时间段中,位移与时间的比值是一个定值,称为速度,速度的大小直接反映了物体运动的快慢。匀速运动的位移和时间成正比,用公式表示为:$s=vt$。其中,s 为位移,v 为速度,t 为发生位移,s 为所用的时间。由公式可以看出,位移是时间的一次函数,位移和时间成正比。

做匀速运动的物体加速度为零。在匀速直线运动中,平均速度和瞬时速度是一样的,平均速度的大小和平均速率也是相等的。对于匀速直线运动,我们还应该注意以下几点:

(1)做匀速直线运动的物体,其速度是匀速的,因此,如果知道了某一时刻或某一距离的运动速度,就知道了它在任意时间段内或任意运动点上的速度。

(2)一个物体在受到两个或两个以上力的作用时,如果能保持静止或匀速直线运动,我们就可以说物体处于平衡状态。

(3)不能单纯地从数学角度把公式 $s=vt$ 理解成物体运动的速度与路程成正比,与时间成反比。做匀速直线运动的物体,匀速直线运动的特点是瞬时速度的大小和方向都保持不变,加速度为零,这只是一种理想化的运动。

匀速直线运动在日常生活中并不常见,不过我们可以把一些

运动近似地看作是匀速直线运动,比如:滑冰运动员停止用力后的一段滑行,站在商场自动扶梯上的顾客的运动等等。

什么是匀变速直线运动?

物体在一条直线上运动,如果在相等的时间内速度的变化相等,即加速度不变,那么这种运动就叫做匀变速直线运动。

在匀变速直线运动中,如果物体的速度随着时间均匀增加,那么这个运动叫做匀加速直线运动;如果物体的速度随着时间均匀减小,那么这个运动叫做匀减速直线运动;如果速度方向与加速度方向同向,则是加速运动;如果速度方向与加速度方向相反,则是减速运动;如果速度无变化,即初速度等于瞬时速度,并且速度不改变,不增加也不减少,则属于匀速直线运动。

物体作匀变速直线运动必须同时符合以下两个条件:

(1)受恒外力作用。

(2)外力与初速度在同一直线上。

什么是牛顿第一定律?

牛顿第一定律的内容是这样的:任何物体在不受任何外力的作用下,总保持匀速直线运动状态或静止状态,直到有外力迫使它改变这种状态为止。由于物体保持运动状态不变的特性叫做惯性,所以牛顿第一定律也叫做惯性定律。

牛顿曾经说过:"我是站在巨人的肩膀上才成功的。"由此可见,牛顿第一定律并非牛顿一个人的贡献,而是多位科学家共同研究的结晶。

一口气读懂物理常识

（1）伽利略的研究成果和设想

伽利略曾经做过这样一个实验：同一小车从同一斜面上的同一位置由静止开始下滑，第一次在水平面上铺上一条毛巾，小车在毛巾上滑行很短的距离就停下了；第二次在水平面铺上较为光滑的棉布，小车在棉布上滑行的距离较远；第三次是光滑的木板，小车滑行的距离更远。

伽利略认为，平面越光滑，则小车滑行就越远。这表明阻力越小，小车滑行就越远。由此伽利略做了一个科学的设想：要是能找到一块十分光滑的平面，阻力为零，那么小车的滑行速度将不会减慢。

（2）笛卡尔的补充

笛卡尔等人又在伽利略研究的基础上进行了更为深入的研究。笛卡尔认为：如果运动物体不受任何外力的作用，不仅速度大小不变，而且运动方向也不会变，将沿着原来的方向匀速运动下去。

（3）牛顿的最终完善

英国的伟大科学家牛顿总结了伽利略等人的研究成果，进而概括出一条重要的物理定律，即一切物体在没有受到力的作用时，总保持静止状态或匀速直线运动状态。这就是著名的牛顿第一定律。

牛顿第一定律说明了两个问题：

（1）它明确了力和运动的关系。物体的运动并不是需要力来维持的。只有当物体的运动状态发生改变，即产生加速度时，才需要力的作用。我们可以在牛顿第一定律的基础上得出力的定性定

义，即力是一个物体对另一个物体的作用，它使受力物体改变运动状态。

（2）它提出了惯性的概念。物体之所以保持静止或匀速直线运动状态，是在不受力的条件下，是由物体本身的特性来决定的。这种物体所固有的、保持原来运动状态不变的特性就叫做惯性。物体不受力时所做的匀速直线运动也叫惯性运动。

什么是牛顿第二定律？

牛顿第二定律的内容表述为：物体的加速度跟物体所受的合外力成正比，跟物体的质量成反比，加速度的方向跟合外力的方向相同。从物理学的观点来看，牛顿运动第二定律也可以表述为：物体随时间变化之动量变化率和所受外力之和成正比。牛顿第二定律用公式表示为：$F_合=ma$，其中，$F_合$代表一个物体所受到的各种力（如重力、摩擦力、弹力）的合力，m代表物体自身的质量，a代表物体的加速度。

牛顿第二定律具有以下6个性质——

（1）因果性：力是产生加速度的原因。

（2）矢量性：力和加速度都是矢量，物体加速度的方向由物体所受合外力的方向决定，即物体加速度的方向与所受合外力的方向相同。

（3）瞬时性：当物体（质量一定）所受外力突然发生变化时，作为由力决定的加速度的大小和方向也会同时发生突变；当合外力为零时，加速度同时也为零，加速度与合外力保持一一对应关系。牛顿第二定律是一个瞬时对应的规律，表明了力的瞬间效应。

（4）相对性：自然界中存在着一种坐标系，在这种坐标系中，当物体不受力时将保持匀速直线运动状态或静止状态，这种坐标系叫惯性参照系。地面和相对于地面静止或作匀速直线运动的物体都可以看作是惯性参照系，牛顿定律只在惯性参照系中才能成立。

（5）独立性：作用在物体上的各个力，都能各自独立产生一个加速度，各个力产生的加速度的矢量和等于合外力产生的加速度。

（6）同一性：a 与 F 与同一物体的某一状态相对应。

什么是牛顿第三定律？

牛顿第三定律的内容表述为：两个物体之间的作用力和反作用力，总是同时在同一条直线上，大小相等，方向相反。

牛顿第三定律具有以下 5 个性质：

（1）力的作用是相互的，同时出现，同时消失。

（2）相互作用力一定是同种性质的力。

（3）作用力和反作用力作用在两个物体上，产生的作用不能相互抵消。

（4）对于一对作用力和反作用力，不能说一个力是起因，而另一个力是结果。两个力中的任何一个力都可以被称为是作用力，而另一个相对于它就成为反作用力。作用力也可以称为反作用力，只是所选择的参照物不同。

（5）由于作用力和反作用力的作用点不在同一个物体上，所以不能求合力。

　　另外需要注意，要改变一个物体的运动状态，必须有其他物体和这个物体相互作用。物体之间的相互作用是通过力来体现的，并且力的作用是相互的，有作用力必然有反作用力。

什么是惯性？

　　惯性是物体保持原来运动状态的一种作用，它是一切物体固有的属性，无论是固体、液体或气体，无论物体是运动的还是静止的，也不论运动状态是平动还是转动。

　　物体的惯性是从牛顿第一定律引申出来的，但它和牛顿第一定律并不是一个概念，不能混为一谈。二者的区别在于：惯性是一切物体固有的属性，是不依外界（作用力）条件而改变的，它始终伴随物体而存在。牛顿第一定律则是研究物体在不受外力作用时如何运动的问题，只是一条人为发现的运动定律，它指出了"物体保持匀速直线运动状态或静止状态"的原因。而惯性是"物体具有保持原来的匀速直线运动状态或静止状态"的特性。之所以把牛顿第一定律又称为惯性定律，是因为定律中所描述的现象是物体惯性的一个方面的表现，当物体受到外力作用（合外力不为零）时，物体不可能再保持匀速直线运动状态或静止状态，但物体力图保持原有运动状态的性质（即惯性）。

　　另一个容易与惯性相混淆的概念就是"力"。"惯性"和"力"不是一个概念。"子弹离开枪口后还会继续向前运动"，"水平道路上运动着的汽车关闭发动机后还会向前运动"等等，这些都不是惯性。惯性和力的区别在于：

　　（1）物理意义不同：惯性指的是物体具有保持静止状态或匀

速直线运动状态的性质；而力是指物体对物体的作用。惯性是物体本身固有的属性，它与外界条件无关；力则只有物体与物体发生相互作用时才存在，离开了物体就无所谓力。

（2）构成要素不同：惯性只有大小，没有方向和作用点，并且惯性的大小没有具体数值，没有衡量单位；而力是由大小、方向和作用点三要素构成的，它的大小有具体的数值，单位是牛。

（3）惯性是保持物体运动状态不变的性质；力的作用则是改变物体的运动状态。

还有很多人认为：物体惯性的大小是与物体的运动速度成正比的，比如有人说："汽车行驶越快，其惯性就越大。"其实这是不正确的，惯性的大小与物体运动的快慢无关。运动快的汽车难以刹住车是因为阻力大小有限，如果增大阻力，它也会很快停下来。

什么是作用力与反作用力？

因为力是物体对物体的作用，所以力总是成对出现的。有力就有施力物体和受力物体。两物体间通过不同的形式发生相互作用，如吸引、相对运动、形变等而产生的力，叫做作用力。由于两个物体间的作用总是相互的，那么我们把物体间相互作用的一对力，叫做作用力与反作用力。有作用力就有反作用力。我们可以将其中任何一个力叫做作用力，另一个力叫做反作用力。

我们可以把作用于物体上的力，称为作用力；承受作用力的物体，对于施放力物体所产生的作用，称为反作用力。作用力与反作用力的大小是相等的，在同一条直线上其方向是相反的，因而起着相反的作用。

自然界只存在 4 种最基本的相互作用力,即强力、弱力、电磁力、万有引力。强力和弱力只在原子核的范围内起作用,宏观的物体只有电磁力和万有引力两种力。

相互作用力和平衡力有什么区别?

相互作用力和平衡力的区别主要体现在以下几方面:

(1)相互作用力是大小相等、方向相反,分别作用在两个物体上,并且在同一直线上的力,两个力的性质完全相同;平衡力是作用在同一个物体上的两个力,大小相同、方向相反,并且作用在同一直线上。两个力可以是两种不同性质的力。

(2)相互平衡的两个力可以单独存在,但相互作用力同时产生,同时消失。

(3)相互作用力只涉及 2 个物体(施力物体同时也是受力物体),而平衡力必须涉及 3 个物体 (2 个施力物体和 1 个受力物体)。

(4)相互作用力分别作用于两个物体上,而平衡力共同作用于一个物体上。

(5)相互作用力没有合力,平衡力的合力为零。

(6)相互作用力具有各自的作用效果,平衡力具有共同的作用效果。

什么是杠杆?

杠杆是一种简单机械。在力的作用下,如果能绕着一固定点转动的硬棒就叫做杠杆。

　　阿基米德在他的《论平面图形的平衡》一书中最早提出了杠杆原理。他首先把杠杆实际应用中的一些经验知识当成"不证自明的公理"，然后从这些公理出发，运用几何学通过严密的逻辑论证，得出了杠杆原理。这些公理包括以下内容：

　　（1）在无重量的杠杆的两端离支点相等的距离处挂上相等的重量，它们将平衡。

　　（2）在无重量的杠杆的两端离支点相等的距离处挂上不相等的重量，重的一端将下倾。

　　（3）在无重量的杠杆的两端离支点不相等距离处挂上相等重量，距离远的一端将下倾。

　　（4）一个重物的作用可以用几个均匀分布的重物的作用来代替，只要重心的位置保持不变。相反，几个均匀分布的重物可以用一个悬挂在它们的重心处的重物来代替；似图形的重心以相似的方式分布……

　　从这些公理出发，在"重心"理论的基础上，阿基米德发现了杠杆原理，即"二重物平衡时，它们离支点的距离与重量成反比。"

　　阿基米德对杠杆的研究并不仅仅停留在理论层面，他还据此原理进行了一系列的发明创造。据说，他曾经借助杠杆和滑轮组，使停放在沙滩上的桅船顺利下水。在保卫叙拉古免受罗马海军侵袭的战斗中，阿基米德利用杠杆原理制造了远、近距离的投石器，利用它射出各种飞弹和巨石攻击敌人，曾把罗马人阻于叙拉古城外长达 3 年之久。

　　在我国历史上也有关于杠杆的记载。早在战国时代，墨家就曾经总结过这方面的规律，在《墨经》中就有两条专门记载杠杆原

一口气读懂物理常识

理的。里面有等臂的,有不等臂的;有改变两端重量使它偏动的,还有改变两臂长度使它偏动的。这样全面的记载,在世界物理学史上是非常有价值的。

杠杆不一定必须是直的,在生活中根据实际需要,杠杆可以制作成直的,也可以制作成弯的,但必须保证是硬棒。滑轮也是一种变形的杠杆,并且定滑轮是一种等臂杠杆,动滑轮是一种动力臂是阻力臂 2 倍的杠杆。

杠杆绕着转动的固定点叫做杠杆的支点;使杠杆转动的力叫做动力;施力的点叫动力作用点;阻碍杠杆转动的力叫做阻力;施力的点叫阻力作用点; 当动力和阻力对杠杆的转动效果相互抵消时,杠杆会处于平衡状态,这种状态叫做杠杆平衡。

在日常生活中,杠杆可能省力,也可能费力,也可能既不省力也不费力。这要看力点和支点的距离:力点离支点越远则越省力,越近就越费力;还要看重点(阻力点)和支点的距离:重点离支点越近越省力,越远就越费力;如果重点、力点距离支点一样远,就既不省力也不费力,只是改变了用力的方向。

生活中的费力杠杆如剪刀、钉锤、拔钉器等;省力杠杆如开瓶器、榨汁器、胡桃钳等。既不省力也不费力的杠杆如定滑轮、天平等。

什么是滑轮?

由可绕中心轴转动有沟槽的圆盘和跨过圆盘的柔索(如绳、胶带、钢索、链条等)所组成的简单机械叫做滑轮。滑轮是一种变形的杠杆,属于杠杆类简单机械。

早在战国时期，我国的《墨经》中就有关于滑轮的记载。

滑轮可以分为定滑轮(费力滑轮)、动滑轮(省力滑轮)和滑轮组：①中心轴固定不动的滑轮叫定滑轮，定滑轮的实质是变形的等臂杠杆，不省力但可以改变力的方向。②中心轴跟重物一起移动的滑轮叫动滑轮，动滑轮的实质是变形的不等臂杠杆，能省 1/2 力，但多费 1 倍距离，且不改变力的方向。③实际生活中，常把多个滑轮(包括动滑轮和定滑)组合而成的机械叫做滑轮组，滑轮组既省力又能改变力的方向。

滑轮在起重机、卷扬机、升降机等机械中应用非常广泛。

压力和重力有什么区别？

压力是一个物体垂直作用于另一物体表面的力。压力的方向垂直于受力物体表面，并指向受力物体。其作用点在物体的接触面上。压力一定时，受力面积越小，压力的作用效果就越显著；受力面积一定时，压力越大，压力的作用效果就越显著。

在物理学中，压力和重力是一对既有联系又有区别的两种力：

(1)压力是由于相互接触的两个物体相互挤压发生形变而产生的；重力是由于地面附近的物体受到地球的吸引作用而产生的。

(2)压力的方向没有固定的指向，但始终和受力物体的接触面相垂直；重力有固定的指向，总是竖直向下的。

(3)压力可以由重力产生也可以与重力无关。当物体放在水平面上并且没有其他外力作用时，压力和重力大小相等。当物体

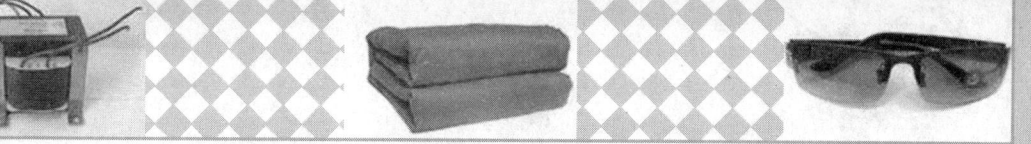

放在斜面上时,压力小于重力。

(4)压力的作用点在物体受力面上,重力的作用点在物体的重心。

什么是压强?

压强是表示压力作用效果的物理量。物体的单位面积上受到的压力的大小叫做压强。在国际单位制中,压强的单位是帕斯卡,简称帕,符号为 Pa,即牛顿/平方米,是为了纪念法国科学家帕斯卡而命名的。压强的常用单位还有千帕、千克力/平方厘米、托、标准大气压、毫米水银柱等等。压强用英文字母 p 表示,其公式为:$p=F/S$,其中,p 表示压强,F 表示压力,S 表示受力面积。

我们应该从以下四个方面来理解压强的定义:

(1)受力面积一定时,压强随着压力的增大而增大,此时压强与压力成正比。

(2)同一压力作用在支承物的表面上,如果受力面积不同,所产生的压强大小也有所不同。受力面积小时,压强大;受力面积大时,压强小。

(3)压力和压强是两个截然不同的概念:压力是支持面上所受到的并且垂直于支持面的作用力,它的大小跟支持面面积无关。

(4)压力和压强的单位是有区别的。压力的单位是牛顿,和一般力的单位是一样的。压强的单位是一个复合单位,它是由力的单位和面积的单位组成的,在国际单位制中是牛顿/平方米,称为"帕斯卡",简称"帕"。

一口气读懂物理常识

什么是大气压?

大气压也称为大气压强。由于地球周围大气的重力而产生的压强叫做大气压强。其大小跟高度、温度等条件有关。一般随高度的增大而减小。例如,高山上的大气压就比地面上的大气压小得多。在水平方向上,大气压的差异会引起空气的流动。

地球的周围被一层厚厚的空气包围着,这层空气被称为大气层。空气可以像水一样自由的流动,同时它也受到重力作用。因此空气的内部向各个方向都有压强,这个压强就是大气压。

1643年,意大利科学家托里拆利在一根80厘米长的细玻璃管里注满水银,倒置在盛有水银的水槽中,他发现玻璃管中的水银大约下降了4厘米后就不再下降了。这4厘米的空间没有空气进入,是真空。托里拆利据此推断出大气的压强就等于水银柱的长度。

1654年,奥托格里克在德国马德堡进行了著名的马德堡半球实验,有力地证实了大气压强的存在。同时,奥托格里克还做了很多实验用以证实大气压的存在,在这时,他第一次听到托里拆利早在11年前就已经测出了大气压。

大气压在实际生活中应用非常广泛,比如:

(1)高压锅。高压锅内封闭了空气,给高压锅内空气加热时,锅内气体的压强就会增大,使锅内的水沸腾时温度升高,更容易煮熟食物。

(2)真空吸盘。它可以依靠外界大气压将其压在墙上,用来挂东西。

（3）拔罐头疗法。中医治疗上有一种玻璃罐，将其加热时迅速按在人体的患病部位，等到罐内空气冷却以后，会被外界气压压在皮肤上，此时用力拔下玻璃罐，能吸出人体内有害的毒血。

（4）飞机飞行。飞机的机翼上方呈流线型，当空气流经机翼时，一部分空气从飞机机翼上方流过，一部分空气从机翼下方流过。空气要在相同的时间里流过不同的距离，必然速度有所不同，又由于机翼上方呈流线型，而机翼下方是平的，所以机翼上方空气流速较大，大气压较小；机翼下方空气流速较小，大气压较大，因此，机翼上下的压力差就使得飞机获得了升力。

跳高运动员为什么要助跑？

在体育比赛中，跳远的运动员一般会选择较长的助跑距离，而跳高运动员的助跑距离则相对要短得多。如果跳高运动员也选择较长的助跑距离，是否能跳的更高？

跳高运动员能腾起越过横杆，主要靠的是助跑的惯性力和起跳蹬地的支撑反作用力。由于惯性力的方向是水平向前的，而支撑反作用力是垂直（或近似垂直）向上的，因此起跳后的身体重心沿着一个抛物线轨迹运动。这个抛物线轨迹的高度，取决于起跳时腾起的初速度和腾起角的大小，换句话说，腾起的初速度和腾起角是增加跳高高度的关键因素。所以应该尽可能增大这两项数值。从理论上讲，最大腾起角应为90度，然而由于跳高不是单纯的垂直向上运动，越过横杆还必须有一个向前的力量；再者，还必须充分利用水平速度来增大腾起的初速度，因此，在实际上腾起角应小于90度。至于腾起初速度，则跟运动员的素质和技术的熟

练程度有着密切的关系。腾起的初速度越大,跳得就越高。在腾起角固定的情况下,腾起的初速度是决定跳高高度的关键因素。

为什么拉车比推车省力?

我们都有这样的体会:使用手推车比较方便,既可以推又可以拉。推和拉的用力方向跟水平线的夹角一样,那么是推车省力,还是拉车省力呢?省力和费力,主要取决于车轮受到的阻力的大小。只有克服了阻力,车子才能前进。在地面条件相同的情况下,车轮对地面的压力越大,阻力就会越大,阻力大就会更费力。反过来,压力小,阻力小,那么就省力。推车的时候,用力的方向指向斜下方,它会产生 2 个分力:一个分力向前,用来克服阻力,使车匀速前进;另一个分力竖直向下,加大了车对地面的压力,使阻力增大。拉车的时候,用力的方向指向斜上方,也会产生 2 个分力:一个分力向前用来克服阻力;另一个分力竖直向上,减小了车对地面的压力,使阻力减小。由此可见,拉车的时候,需要克服的阻力小,因此要比推车省力一些。

拔河比赛只是比力气的大小吗?

拔河比赛到底比的是什么?很多人理所当然地认为是力气的大小。其实从物理学的角度讲,这个问题并不这么简单。

根据牛顿第三定律,即当物体 A 给物体 B 一个作用力时,物体 B 必然同时给物体 A 一个反作用力,作用力与反作用力的大小相等,方向相反,并且在同一直线上。对于拔河的两个队,A 队对 B 队施加了多大的拉力,B 队对 A 队也同时产生一样大小的拉力。

由此可见，双方之间的拉力并不是决定胜负的因素。

通过对拔河两队进行受力分析，我们可以知道，只要所受的拉力小于与地面的最大静摩擦力，就不会被拉动。因此，增大与地面的摩擦力就成为胜负的关键因素。首先，穿上鞋底有凹凸花纹的鞋子，能够增大摩擦系数，使摩擦力增大；另外就是队员的体重越重，对地面的压力就越大，摩擦力也就会随之增大。大人和小朋友拔河时，大人很容易取胜，就是大人的体重比小朋友大的缘故。

此外，在拔河比赛中，胜负在很大程度上还取决于人们的技巧。比如，脚如果使劲蹬地，在短时间内可以对地面产生超过自己体重的压力。再如，人向后仰，借助对方的拉力来增大对地面的压力等等。无论何种技巧，其最终目的都是为了增大脚底对地面的摩擦力。

为什么肥皂泡总是先上升后下降？

日常生活中，我们经常看到一些小朋友吹肥皂泡，一个个小肥皂泡从吸管中飞出，在阳光的照耀下，形成一道亮丽的风景。但是通过仔细观察，我们会发现：肥皂泡开始时上升，随后才下降，这是什么原因呢？

其实这里面包含着丰富的物理知识。在开始的时候，肥皂泡里是从嘴里吹出的热空气，肥皂膜把它和外界隔开，形成内外两个区域，里面的热空气温度大于外部空气的温度。此时，肥皂泡内气体的密度小于外部空气的密度，根据阿基米德原理我们可以知道，此时肥皂泡受到的浮力大于它受到的重力，所以它会上升。这个过程和热气球的原理是一样的。

在上升过程中，随着时间的推移，肥皂泡内、外气体发生热交换，内部气体温度下降，因为热胀冷缩，肥皂泡体积逐渐变小，它受到的外界空气的浮力也会逐渐变小，而它受到的重力却没有发生变化，这样，当重力大于浮力时，肥皂泡就会下降。

为什么急刹车时乘客会向前倾倒？

我们大概都有这样的经历：每次乘坐汽车时，只要司机一踩刹车，我们的身体就会不由自主地往前倾；当司机启动车子或加速时，我们又会觉得有一股力量推着我们向后倒。其实这并不是因为有新的外力加到我们身上，而是"惯性"的缘故。

牛顿曾经针对物体的运动发表了3个定律，第一个就是"惯性定律"。按照牛顿惯性定律的说法，运动中的物体应该是一直维持原来的运动状态的，但是为什么我们丢出去的球最后还是会落回地面呢？为什么行驶中的汽车一旦关上发动机，很快就会停下来呢？这是因为物体在运动过程中受到了地心引力、空气阻力、摩擦力等外力的影响。如果没有地球引力、空气阻力等外力的影响，运动中的物体就会一直保持原有的运动状态。比如在大气层外绕着地球轨道运行的人造卫星，就是个很好的例子。

因为惯性的作用，当汽车突然启动时，乘客都会不由自主地向后倒；也是由于惯性的作用，当汽车突然刹车时，乘客会觉得有某种力向前推似的。

我们可以这样想：当汽车突然启动时，我们本来没有动，但车子载着我们移动，所以我们会向后倒；在行驶过程中，我们的身体配合着汽车的速度前进，一旦突然刹车，车子停下来了，但我们的

身体却仍然保持着前进的状态,所以就会不由自主地向前倾了。

人为什么能走路?

在平坦的大路上,谁都可以迈开大步向前走。对于一个腿脚健全的人来说,走路并不是什么难事,因此也没有多少人会去想人为什么能走路。也许很多人甚至会感到好笑,人只要有气力,抬腿,迈步,不就可以向前走了吗?然而事实上,问题并不是那么简单。请你尝试一个动作:挺直身体,背贴着墙站在地上。把一只脚抬起来,向前迈步,只要身体不离开墙壁,这只脚是跨不出去的。如果抬起来的脚向前迈出了一步,那么,回头看一看,身体已经离开墙壁了。 这就说明,身体向前移动了。人身体向前移动的时候,一定依靠了一种外力,或者说是这种外力推着人前进的。如果这种外力比较小,走路就会觉得困难,比如,在光滑的冰面上,人们就不敢迈大步,只能小心翼翼地慢慢挪动双脚。

人在走路时,必须用脚蹬一下地,从物理学角度来分析,那是人体给了地面一个向后的力,与此同时,地面也会给人体一个向前的力,正是这个力把人体向前推了一下。脚蹬地面,这是作用力;地面给人体一个向前的力,这是一种反作用力。这个反作用力表现为摩擦力。在一般情况下, 作用力和反作用力是相等的,因此,我们走起路来并不觉得困难。但是,人在冰面上行走,由于冰面过于光滑,给人的摩擦力就小得多。这样,如果你仍然像在地面上走路那样用力,就会使向后蹬的力与摩擦力不平衡,后脚就会向后滑,人就会跌跤。

挑重担的人走路为什么总像小跑步一样?

人在步行的时候，是左右脚交替着向前迈进的，如果说得再准确一些，人的步行可以认为是一个接一个的跌倒动作。人在站立不动时，从人体重心引下的垂直线，总是在两脚形成的面积里面，这种状态叫做处于站立时的平衡状态。人在起步向前时，总是身体先向前倾，使从人体重心引下的垂直线越出地面，形成向前倾跌的趋势，接着立刻把后脚跨向前来维持新的平衡。

因此我们说，一步一步地向前走，其实就是在做一次又一次的向前倾跌。这种倾跌趋势，跟人体的重量以及跨出步子的大小有关。向前倾跌的趋势越厉害，迈出的那只脚在落地时与地面的冲击力越大，这样不仅人会感到吃力，步子也不容易跨稳。挑着重担走路，相当于人体重量突然增加了很多，这就使得向前迈步时的倾跌趋势更厉害。适当缩小跨出的步子，可以减小这种倾倒趋势；而迅速迈出后脚，可以防止真正的跌倒。因此，挑重担的人走起路来步子总是又小又急，就好像成了小跑步似的。此外，挑重担时步子短促，可以使速度均匀，这样所挑的担子也可以匀速地跟着人向前移动。如果步子又大又慢，担子就会摇摆不定，挑起来就更困难了。

自行车外胎为什么要有凹凸不平的花纹?

摩擦力的大小与两个因素有关：压力的大小以及接触面的粗糙程度。压力越大，摩擦力越大；接触面越粗糙，摩擦力越大。自行车外胎有凸凹不平的花纹，这是通过增大自行车跟地面间的粗糙

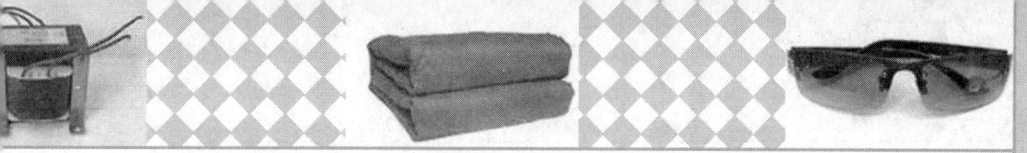

程度,来增大摩擦力的,它的目的是为了防止自行车打滑。

自行车为什么能前进?

当我们骑在自行车上的时候,由于人和自行车对地面有压力,轮胎和地面之间不光滑,因此自行车与路面之间有摩擦。不过,自行车为什么能前进呢?这是依靠后轮与地面之间的摩擦而产生的,这个摩擦力的方向是向前的。那么前轮的摩擦力有什么作用呢?其方向正好与自行车前进的方向相反。正是因为这两个力大小相等,方向相反,所以自行车才能做匀速运动。不过,当人们在地上推自行车前进时,前轮和后轮的摩擦力方向都向后。那么又是谁和这两个力平衡呢?脚对地面的摩擦力是向前的。

刹车之后,自行车为什么能停止?

刹车时,闸皮和车圈间的摩擦力会阻碍后轮的转动。手的压力越大,闸皮对车圈的压力就越大,因而产生的摩擦力也就越大,后轮就转动得越慢。如果完全刹死,这时后轮与地面之间的摩擦就会变为滑动摩擦(原来是滚动摩擦,方向向前),方向向后,因此阻碍了自行车的运动,自行车也就停下来了。

司机为什么不宜开快车?

在当今这个讲究快节奏的社会里,发生在身边的一起起交通事故让人触目惊心:一辆辆飞驰的小轿车,往往因为速度太快而失去控制,导致惨剧的发生。由此可见,开快车是导致交通事故的罪魁祸首之一。那么,为什么车速过快容易导致交通事故呢?

摩擦力的变化在汽车行驶过程中有着充分的体现。尽管轮子是转动的，但是在车轮和地面之间还是存在着一种静摩擦。静摩擦力是可变的，也就是说司机给多大的制动力，那么通过轮胎就能提供多大的制动力。如果车速过快，前方一旦出现紧急情况，司机的第一反应就是紧急踩下刹车，但是这时候车轮往往发生"抱死"，车子就会变成滑行，静摩擦力变成了滑动摩擦力，而滑动摩擦力要远远小于最大静摩擦力，因此轮胎就不能很好地"抓地"，从而导致事故的发生。

蚂蚁从高处落下来为什么摔不死？

人如果从高楼上掉下来，轻则会摔成重伤，重则可能摔死。但是如果是一只蚂蚁从高楼上落下，就会安然无恙，你知道这是什么原因吗？

原因是这样的：物体从空中自由落下时，会受到空气的阻力，阻力的大小与物体和空气接触的表面积有关，物体体积越小，其表面积大小和重力大小的比值就越大，即阻力越容易和重力相平衡，从而使其降落的速度变小，换句话说，微小的物体可以在空气中以很小的速度下落，这就是蚂蚁从高处落下却摔不死的原因。

"飞行"的孙悟空是怎样拍摄的？

《西游记》是我们都非常熟悉和喜欢的电视剧，其中孙悟空给我们很多人留下了美好的印象。不过很多人难免会有这样一个问题：扮演孙悟空的演员必然不能真的腾云驾雾，那么他的"腾云驾雾"是如何拍摄出来的呢？这里面蕴藏着一个很简单的物理学知

识。我们都知道，我们平时所说的运动和静止都是相对的，是相对于假定不动的参照物而言的。如果我们坐在封闭的火车里，那么将无法知道火车究竟是静止的还是匀速前进的，只有拉开窗帘，看到路两边的树木、建筑等参照物时，根据它们的位置是否发生变化，才能判断出来。

利用物理学中运动的相对性，我们就能够拍摄孙悟空"腾云驾雾"的镜头了。比如孙悟空"腾云远去"的镜头先分别拍摄孙悟空的动作镜头和山河湖海等景物镜头，然后将两组画面放在"特技机"里叠合，叠合时迅速移动背景上的白云和山河湖海等，用摄像机把它们拍摄下来。看电视时，观众们以白云和山河湖海作为参照物，于是就产生了"腾云远去"的视觉感应。

为什么可以用吸管"喝"汽水？

用吸管喝东西是生活中非常常见的现象。在嘴还没有从管内吸气时，管内外液面是相平的。这时，管内外液面上的气体压强相等；当嘴从管内吸气时，管内气体减少，管内液面上的压强也会随之减少，这时管子内液面上的气体压强小于管外作用于液面上的大气压。喝汽水时，首先要将管子插入汽水里，当嘴吸气里，管内便有一部分气体被吸进嘴里，便使得管内剩余气体体积变大，压强变小，并且小于管外的大气压，因此在管外大气压的作用下，汽水便沿管子上升，被吸进嘴里了。

"饭菜飘香"是怎么来的？

相信我们都有过这种经历：有人在厨房里做饭炒菜，我们在

屋外就能闻到饭菜的香味。那么,香味是怎么被我们闻到的呢?

在烹调的过程中,饭菜的分子有一部分被蒸发到空气中,渐渐地向四面八方运动,当它们钻入我们的鼻孔时,我们就会闻到香味了。这个过程叫做扩散现象。正是由于气体的扩散作用,我们才能闻到各种气味。

扩散现象不只是存在于气体里,液体里也有。比如做汤的时候,滴入几滴酱油,即使不搅拌,整个汤里也会逐渐均匀地染上酱油的颜色,并且染上酱油的美味。这就是酱油在汤里扩散的结果。

气体和液体都具有扩散作用,那么固体之间有没有呢?有人曾经做过这样的实验:把一块铅片和一块金片分别磨光,压在一起,在室温下放置5年,结果金片和铅片连在了一块,它们互相混合的深度约有1厘米。我们都知道,在室温条件下,金和铅是不会熔解的,但是它们的接触面竟生成了一层均匀的铅金合金,这就是固体间的扩散作用所致。

上述现象表明:无论是哪一种形态的物质,它们的分子无时无刻不在运动,当它们相互接触的时候,彼此就会扩散到对方中去。而且温度越高,分子无规则运动的速度就越快,扩散就越快。

静脉输液蕴含着什么物理学知识?

医院在给病人作封闭式静脉输液时,要求在输液过程中,保持滴点的速度几乎不变。通过观察医院作封闭式静脉输液用的部分装置,我们可以知道;这里面应用了物理学中气体压强、液体压强的知识。

输液时,医生先把药液瓶倒挂,然后将通气管上的通气针插

入，这时通气管与药液瓶内部连通，药液有一部分进入通气管内。但我们注意到进入的量并不多，通气管内的液面远比药液瓶内的液面低。接着医生就把点滴玻璃管和输液管连好，然后将输液管通过针头与药液瓶内部相连。调节橡皮管上的夹子，药液就开始均匀地一滴一滴在点滴玻璃管内下落了。

首先，当插入通气管后，为什么通气管内的液面远低于药液瓶内的液面呢？这是因为药液瓶内的空气是密闭的。当通气管和药液瓶内接通时，部分药液已经进入通气管，这样药液瓶内部的液面就有所下降，瓶内空气的体积就会增大，压强就会减小。正是由于瓶内空气压强减小，小于外界大气压，所以导致了通气管内的液面与药液瓶内液面之间出现了上述的高度差。

其次，我们来分析输液时药液瓶内的压强情况。我们知道，液体压强是随深度增加而增大的。液体越深，则压强越大，这样液流速度就越快。在输液开始后，药液液瓶内的液面持续下降，瓶内空气压强减小，因而通气管内的液体由于受到外界稳定的大气压强的作用，很快被压回到药液瓶内。当通气管（包括针头）内没有了药液以后，其针头顶端开口处的小液片就刚好在上下都是一个大气压强的作用下平衡。小液片的上部受到向下的压强是瓶内空气压强以及药液产生的压强。小液片的下部受到向上的压强是外界大气压强。当瓶内液面继续下降而导致瓶内空气压强略有下降时，小液片就不再平衡，让它开一个"缺口"，气泡就冒上了瓶内的空气里。瓶内空气量增多，压强就稍有增大，通气管针头顶端开口处的小液片又在上下都是一个压强的作用下重新平衡。

这样，在整个输液过程中，通气管针头顶端开口处的小液片

受到的向下的压强基本保持在1个大气压强的水平，不会因瓶内液面的下降而改变。由于通气管针头顶端所处水平面液体的压强基本保持不变，因此在它下面一定距离的点滴玻璃管上端口液体的压强也基本保持不变。这样就对稳定滴点的速度起到了积极的作用。

爆米花"膨胀"的原因是什么？

"砰！"随着一声巨响，爆米花的香气随之扑鼻而来。爆米花深受人们的喜爱。大米经过爆米机的加工，体积往往会陡然膨胀好几倍，因此有人打趣地把爆米机称作"粮食扩大器"！那么，米粒是怎样在爆米机里实现膨胀的呢？

大家都知道，密封在容器里的气体都有一个"怪"脾气：温度增高，压强就增大。给爆米机加热的时候，密封在罐里的空气的压强会逐渐增大。同时，装在里面的大米也逐渐被加热，贮存在米粒里的水分也逐渐被蒸发出来，聚积在铁罐里。罐的温度不断升高，罐内的气压就越来越大，这种高压会阻止米粒中水分的继续蒸发，使残存在米粒中的水分逐渐升温升压，一个个米粒就会像憋足了气的小气球，不过因为受到罐内气压的"约束"，它们没办法爆开。当罐内气压升高到2~3个大气压的时候（这从气压表上可以看出来），爆米花的师傅就会停止加热，把一条长布袋套在爆米机的口上，然后打开盖子。随着一声巨响，大米就喷到布袋里了。米粒突然从高温高压的环境进入到低温低压的环境中，憋在米粒里的高温高压水分就会因为突然失去"约束力"而急骤膨胀，于是就变成了爆米花。

一口气读懂物理常识

声 学 篇

声音是怎样产生的？

空气中的各种声音，不管它们是何种形式，都是由物体的振动所引起的：敲鼓时能听到鼓声，同时我们能摸到鼓面的振动；人能说话是由于喉咙声带的振动；汽笛声、喷气飞机的轰鸣声，是因为排气时气体振动而产生的。总而言之，物体的振动是声音产生的根源，发出声音的物体叫做声源。声源发出的声音以后必须通过中间媒质才能传播出去，人们最熟悉的传声媒质就是空气，除了气体以外，液体和固体也能传播声音。

振动在媒质中传播的速度叫声速，声速取决于传播媒质的弹性和密度，因此，声音在不同媒质中的传播速度是不同的。一般来讲，在液体和固体中的传播速度要比在空气中快得多，例如：声音在空气中（常温）的传播速度为 340 米/秒，而在水中（常温）的传播速度为 1500 米/秒，在钢铁中为 5200 米/秒，在冰里为 3230 米/秒，在软木里为 500 米/秒。并且声音在空气中的传播速度还随空气温度的升高而增加。

听觉是怎样产生的？

听觉是仅次于视觉的重要感觉通道。它在生活中起着非常重要的作用。那么，听觉是如何产生的呢？

听觉系统是由外耳、中耳、内耳以及神经所组成的。外耳的功能主要是收集声音，并将声音由外耳道传入中耳。中耳是个充满气体的空腔，里面有 3 个听小骨，可以将传入的声音振动放大后传入内耳。内耳里充满了水状的淋巴液，它的形状像个蜗牛，称为

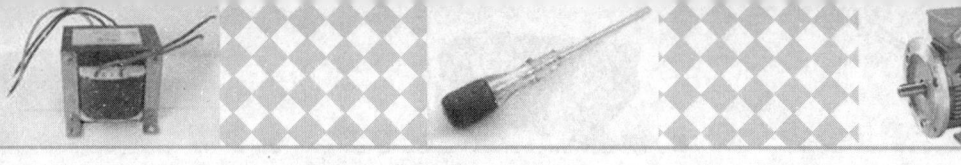

耳蜗,耳蜗内有绒毛细胞,这些细胞除了分析传进来的声音外,还可以把声波振动所产生的波动转换成电生理讯号,以刺激听觉神经。听觉神经再将电生理讯号传送至大脑皮层的听觉中枢,从而产生听觉。

什么是介质?

一种物质存在于另一种物质内部时,后者就叫做前者的介质。声音的传播需要物质,物理学中把这样的物质称为声音的介质,也叫媒质。例如:声音通过空气,空气就是介质;声音进入水里,水就是介质;声音穿墙而过,墙就是介质。

声音的传播介质主要有空气、液体和固体。声音在这三种介质中的传播速度依次递增,即气体中<液体中<固体中,比如常温(15℃)下,一些固体中的声速约为5200米/秒,液体中的声速约为1500米/秒,空气中的声速约为340米/秒。

另外需要注意:声音不能在真空中传播。因为声音是一种机械波,而机械波是由于物体振动产生的,机械波的传播必须依靠介质才行,真空中不存在介质,所以无法传播声音。

回声是怎样产生的?

声波在传播的过程中,如果碰到大的反射面,比如建筑物的墙壁等,会在界面发生反射,人们把能够与原声区分开的反射声波称为回声。更通俗地说,当声波碰到某个障碍物时,它会弹回来,我们会再听到这个声音,这个反射回来的声音就是回声。如果是在空旷的田野上,回声比较模糊,因为声音的振动会向四处散

开，能量会散失。如果在一个密闭的空间里(如隧道)，反射的声音就不会跑掉，所以回声会很大。

回声原理在日常生活中应用非常广泛。在建筑方面，设计、建造大的厅堂时，必须把回声现象作为重要因素加以考虑。在封闭的空间里产生声音后，声波会在四壁上不断反射，即使在声源停止振动后，声音还会持续一段时间，这种现象叫做混响。混响时间如果太长，会干扰有用的声音。但是混响太短也不好，会给人以单调、不丰满的感觉。所以设计师们必须采取必要的措施，例如，厅堂的内部形状、结构、吸声、隔声等，以获得适量的混响，从而提高室内的音质。再比如建造音乐厅时，如果在墙壁和墙壁之间有太多回声来回地弹来弹去，那么观众就会听到一大堆混乱的杂音。这就称为交混回响。为了减少交混回响，音乐厅必须建造成特殊的形状，并用木材这类吸音效果好的质料来建造。

回声在地质勘探中也有广泛的应用。例如在石油勘探时，工作人员常采用人工地震的方法，即在地面上埋好炸药包，放上一列探头，把炸药引爆，探头就可以接收到地下不同层界面反射回来的声波，从而探测出地下油矿。

回声还可以用来测鱼群、潜水艇和沉到海底的船。有些船上装有回声测深器，这种仪器会把声波送入海里。而回声传回船上所花的时间，可以用来算出船下任何物体的形状和位置。

蝙蝠能发出尖锐的叫声，然后再用它灵敏的耳朵收集周围传来的回声。回声会告诉蝙蝠附近物体的位置、大小和形状，以及物体是否在移动等等，这种技术称为回声定位法。它可以帮蝙蝠在

黑暗中找到方向以及捕捉猎物。蝙蝠尖锐的回声我们人类是听不到的，因为它属于一种超声波。

声音有哪些特性？

音调、响度、音色是声音的三个主要特征。

（1）响度。人在主观上感觉到的声音的大小即为响度，俗称音量。它是由振幅和人离声源的距离决定的，振幅越大响度越大，人和声源的距离越小，响度越大。响度的单位是分贝（dB）。

（2）音调。音调即声音的高低。它是由频率决定的，频率越高音调越高。频率的单位是赫兹（Hz），人耳的听觉范围为 20~20000Hz。20Hz 以下称为次声波，20000Hz 以上称为超声波。

（3）音色。音色是声音的特性，它是由发声物体本身材料、结构决定的。又称为音品。

什么是音调？

音调即声音的高低。它是声音的三个主要的主观属性之一，表示人的听觉分辨一个声音的调子高低的程度。

音调主要是由声音的频率决定的，同时也与声音的强度有关。对一定强度的纯音，音调随频率的升降而升降；对一定频率的纯音，低频纯音的音调随声强的增加而下降，高频纯音的音调随强度的增加而上升。

一般来说，儿童声音的音调比成人要高，女子声音的音调比男子要高。在小提琴的四根琴弦中，最细的弦音调最高，最粗的弦音调最低。在键盘乐器中，靠左边的键音调低，靠右边的键音调

高。

普通话中有阴平、阳平、上声和去声四个声调,这也是音调的重要形式。

人的耳朵能听见所有声音吗?

人即使有健康完备的听觉系统,也不能听见大自然中所有的声音。正常人能够听见的声音的频率为 20~20000Hz;而老年人所能听到的高频声音减少到 10000Hz,甚至可以低到 6000Hz 左右。我们通常把频率高于 20000Hz 的声音称为超声波,频率低于 20Hz 的声音称为次声波。超声波和正常声波遇到障碍物后会沿着原传播方向的反方向传播,而部分次声波则可以穿透障碍物,比如俄罗斯在北冰洋进行的核试验产生的次声波曾经环绕地球 6 圈。超低频率的次声波比其他声波对人体的破坏力更大,一部分可以引起人体血管破裂导致死亡。不过这类声波的产生条件极为苛刻,人遇上的概率很小。人的发声频率在 100Hz(男低音)~10000Hz(女高音)之间。

蝙蝠能听见高达 120000Hz 的超声波,蝙蝠发出的声音,频率通常在 45000~90000Hz 之间。狗能够听见高达 50000Hz 的超声波,猫能够听见高达 60000Hz 以上的超声波,不过狗和猫发出的声音都在几十到几千赫兹的范围以内。

乐音和噪音有哪些区别?

发音物体有规律地振动而产生的具有固定音高的音叫做乐音,比如钢琴、小提琴、二胡等乐器都能发出悦耳的乐音。乐音是

音乐中所使用的最主要、最基本的材料,音乐中的旋律、和声等均由乐音构成。

从声学角度来分析,乐音有三个主要特征,即乐音的三要素:响度(又称音强)、音调(又称音高)、音色。

噪声是发生物体做无规则振动时发出的声音。从生理学角度讲,凡是妨碍人们正常休息、学习和工作的声音都属于噪音。

在物理学中,乐音和噪音是一对相对的概念。振动起来是有规律的、单纯的,并且有准确的高度(也叫音高)的音,我们称之为乐音;振动起来既无规律又杂乱无章,并且没有一定高度的音,我们称之为噪音。

什么是响度?

响度就是声音的强弱,即声音响亮的程度,根据它可以把声音排成由轻到响的序列。

响度的大小主要取决于声强和声音的振幅。声音在传播时也伴随着能量的传播。单位时间内通过垂直于声波传播方向的单位面积的能量就是声强。声强的单位是瓦/平方米。声强的大小与声速成正比,与声波的频率的平方、振幅的平方成正比。对于同一频率的声音,响度随声强的增加不是呈线性关系,声强增大到10倍,响度才增大为2倍;声强增大到100倍,响度才增大为3倍。

振动物体离开平衡位置的最大距离叫振动的振幅。振幅在数值上等于最大位移的大小。振幅描述了物体振动幅度的大小和振动的强弱。响度由气压迅速变化的振幅大小决定。但人的耳朵对强度的主观感觉与客观的实际强度并不一致,人们通常把对于强

一口气读懂物理常识

弱的主观感觉称为响度,其计量单位也是分贝(dB)。

音色和音质有什么不同?

音色是声音的特色,是声音的感觉特性。不同的发声体由于材料和结构不同,发出声音的音色也就不同,因此我们可以根据音色的不同去分辨不同的发声体。根据不同的音色,即使在同一音高和同一声音强度的情况下,也能区分出是不同物体或不同人发出的。

形象地说,音色就是声音的颜色。我们经常会听到:这把小提琴音色真冷、这把小提琴音色真暖等说法,这就是指小提琴的音色而言的。声音就像光线一样,是有颜色的,不过它的颜色用眼是看不到的,而是用耳朵听到的。通常,音色越暖声音越软;音色越冷声音越硬。

通常情况下,很多人容易把音质和音色相混淆。音质是指声音的品质,什么叫声音的品质呢?例如:当我们在说一双鞋子品质好的时候,一般我们是指它合脚、舒服、耐穿,而不是指它的造型好看或者时髦。同样的道理,我们说一件音响器材音质好、坏的时候,也不是指它的层次如何、定位如何,而是指这件音响器材耐不耐听。在音响技术中,音质主要包含三方面的内容:①声音的音高,即音频的强度和幅度;②声音的音调,即音频的频率或每秒变化的次数;③声音的音色,即音频泛音或谐波成分。谈论某音响器材音质的好坏,主要是衡量上述三方面是否达到一定的水准,即相对于某一频率或频段的音高是否具有一定的强度,并且在要求

的频率范围内、同一音量下，各频点的幅度是否均匀、均衡和饱满，频率响应曲线是否平直，声音的音准是否准确，既忠实地呈现了音源频率或成分的原来面目，频率的畸变和相移符合要求。声音的泛音适中，谐波较丰富，听起来音色就优美动听。

什么是立体声？

立体声，顾名思义，指的是具有立体感的声音。

立体声是一个几何概念，是指在三维空间中占有位置的事物。因为声源都有确定的空间位置，声音都有确定的方向来源，人们的听觉有辨别声源方位的能力。特别是在有多个声源同时发声时，人们可以根据听觉感知各个声源在空间的位置分布状况。从这个意义上讲，自然界所发出的一切声音都是立体声，比如雷声、火车声、枪炮声等等。

当我们直接听到这些立体空间中的声音时，除了可以感受到声音的响度、音调和音色外，还能感受到它们的方位和层次。这种人们直接听到的具有方位层次等空间分布特性的声音，就叫做自然界中的立体声。

自然界发出的声音是立体声。如果我们把这些立体声经过记录、放大等处理后而重放时，所有的声音都从一个扬声器播放出来，这种重放声与原声源比起来，就不再是立体的了。这时因为各种声音都从同一个扬声器发出，原来声音的空间感，尤其是声群的空间分布感也就消失了。这种重放声叫做单声。

如果从记录到重放整个系统能够在一定程度上恢复原来声音

的空间感,那么,这种具有一定程度的方位层次等空间分布特性的重放声,就称为音响技术中的立体声。

和单声道相比,立体声具有以下优点:具有各声源的方位感和分布感;提高了信息的清晰度和可懂度;提高了节目的临场感、层次感和透明度。

1881年8月30日,克来门·阿代尔在德国获得了一项"改善剧场电话设备"的专利。阿代尔的发明是:把两组麦克风放置在剧场舞台的两边,声音便被分程送到载着受话器的观众的耳中。这项发明在1881年举办的巴黎博览会上首次演示。在那里"播送"巴黎剧场舞台上的演出,获得了很大的成功。很多人认为,这是首次听到了立体声。就在与此同时,有一位叫奥恩佐格的发明家,在普鲁士王储的宫殿里也使用了与阿代尔的发明类似的装置。

立体声最突出的特点是:和单声道或单源音相比,能使听众更容易找到声源的位置。这种现象,和人们用两只眼睛比用一只眼睛更能准确地判断距离的远近是一样的道理。

在第一次世界大战中,有一种用来发现敌人飞机的"双耳接收喇叭",这种喇叭就是利用了立体声的这一特点,即把两个大喇叭的小的一端用橡皮管连接到操作人员的两只耳朵上,他对听觉方向的敏感度就会大大的增强。

立体声的发展,最初是和电话系统的发展密切相关的。20世纪30年代初期,以弗莱彻等人为指导,以斯托考斯基为顾问的贝尔实验室,是研究立体声的主力军。在贝尔实验室里,有一个叫奥斯卡的聋哑人,他是推进立体声研究的主要人物。奥斯卡是一个

裁缝的孩子,由于聋哑,他的两只耳朵里必须安装两个麦克风,以尽量听到声音。1933年4月27日,贝尔实验室作了一次公开实验:把在费城举办的音乐会,通过电话线路以立体声的方式传到华盛顿。

1930年,获得最早的立体声唱片专利权的,是电气和音乐工业公司的布吕姆莱因。

噪音有哪些主要来源?

噪音的来源主要有以下几个方面:

(1)交通运输噪声。目前城市交通日益发达,这给人们的工作和生活带来了极大的便利,但是随之而来的就是交通噪音的增加。随着城乡车辆的增加,以及公路和铁路交通干线的增多,机车和机动车辆的噪声已经成为交通噪声的主要元凶,大约占城市噪声的75%。

(2)工业机械噪声。由于各种工业机器做功时产生的撞击、摩擦、喷射或者振动,能产生七八十分贝以上的声响。虽然很多工厂已经做了一定程度的降噪处理,但仍然不能从根本上消除工业机械所产生的噪声。

(3)城市建筑噪声。近年来随着城市建设的迅速发展,道路建设、基础设施建设、城市建筑开发、旧建筑物的改造以及室内装潢等等,都是城市建筑噪声的制造者。据数据检测,建筑施工现场的噪声一般在90分贝以上,最高者可达到130分贝。

(4)公共场所的噪声。比如餐厅、公共汽车、旅客列车、人群集

会、高音喇叭所产生的噪音。有关统计显示,公共场所产生的噪声占城市噪声的 15%左右。

(5)家用电器造成的室内噪声污染。随着居民生活现代化的发展,生活中的家用电器越来越多样化,因此家用电器带来的噪声对人们的危害也越来越大。据检测,家庭中电视机、收录机等所产生的噪音可高达 60~80 分贝,洗衣机为 42~70 分贝,电冰箱为 34~50 分贝。

(6)职业噪音。工作场所中产生的噪音也是噪音的一个主要来源,特别是办公室里的噪音,是由各种不同频率的声音组合而成的。其特点是具有广泛性和音量大。

(7)其他噪音。例如飞机、防盗警钟以及一些其他人为噪音等等。

噪音对人类有哪些危害?

从生理学角度看,凡是干扰人们休息、学习和工作的声音,即人们不需要的声音,统统属于噪音。当噪声对人及周围环境造成不良影响时,就成为一种污染,即噪音污染。随着社会工业的不断发展,环境污染随之产生,噪音污染也就成为环境污染的一种。目前,噪音污染与水污染、大气污染一起被视为世界三大污染。

噪音污染对人类的危害主要体现在以下几个方面:

(1)噪音污染可以引起听力系统的损伤,比如耳鸣、耳痛、听力下降等。据测定,超过 115 分贝的噪音就会造成耳聋。据临床医学统计显示,如果在 80 分贝以上的噪音环境中生活,造成耳聋的概率高达 50%。

（2）噪音污染会大大影响工作效率。研究显示，噪音超过85分贝，就会使人感到心烦意乱，从而无法专心地工作，导致工作效率降低。

（3）噪音污染能引起心脏血管损伤。噪音是心脑血管疾病的危险因子，噪音能加速心脏衰老，增加心肌梗死的发病率。医学家经过大量研究实验得出结论：长期接触噪声能使体内肾上腺分泌增加，从而使血压上升，在平均70分贝的噪声中长期生活的人，能使其心肌梗死的发病率增加30%左右。调查显示，生活在高速公路旁的居民，心肌梗死率增加了30%左右。

（4）噪音污染还会引起神经系统功能紊乱、精神障碍、内分泌失调甚至事故率升高等。高噪音的工作环境，可以使人出现头晕、头痛、失眠、多梦、全身乏力、记忆力减退以及恐惧、易怒、自卑甚至精神错乱等。在日本，曾经有过因为受不了火车噪声的刺激而自杀的例子。

（5）影响休息和睡眠。休息和睡眠是人们消除疲劳、恢复体力和维持健康的必要条件。但是噪音却使人不得安宁，给人的休息和睡眠带来了极大的困扰。如果人得不到正常的休息和睡眠，就会出现心态紧张、呼吸急促、脉搏跳动加剧、大脑兴奋等症状，第二天就会感到疲倦或四肢无力，从而影响正常的工作和学习。时间长了还可能引发神经衰弱等病症。

（6）对女性生理机能的损害。女性如果受噪音污染的侵袭，可能引起女性性功能紊乱、月经不调、流产及早产等。

（7）噪音对儿童的身心健康危害更大。由于儿童发育尚未成

熟，各组织器官十分娇嫩和脆弱，所以极易受到噪音的损害。不论是体内的胎儿，还是刚出世的婴儿，噪音均可以损伤其听觉器官，导致其听力减退甚至丧失。经专家研究证明，室内噪音是造成儿童聋哑的主要原因之一，如果在 85 分贝以上的噪声环境中生活，耳聋者可达 5%。

（8）噪音对视力的损害。大部分人都知道噪音对听力的损害，却忽视了它对视力的影响。试验显示：当噪音强度达到 90 分贝时，人的视觉细胞敏感性就会下降；当噪音达到 95 分贝时，有 40% 的人瞳孔会放大，会感到视觉模糊；如果噪音达到 115 分贝，大多数人的眼球对光亮度的适应都会有不同程度的减弱。因此，长时间处于噪音环境中的人很容易产生眼疲劳、眼痛、眼花和视物流泪等不良症状。

噪音有哪些用途？

噪音虽然是世界四大公害之一，但它还是有很多用处的。

（1）噪声除草

很多科学家研究表明，不同的植物对不同的噪声敏感程度不一样。根据这个道理，人们制造出了噪声除草器。这种噪声除草器发出的噪声能使杂草的种子提前萌发，这样就可以在作物生长之前用药物先把杂草除掉，这种"欲擒故纵"的妙策保证了作物的顺利生长。

（2）噪声诊病

悦耳的音乐有治病、健身、愉悦身心的功能，这是人们所熟知的。但是噪声怎么能用于诊病呢？近年来，科学家们制成一种激光

听力诊断装置,它是由光源、噪声发生器和电脑测试器三部分组成的。使用时,它先由微型噪声发生器产生微弱短促的噪声,振动耳膜,然后微型电脑就会根据回声,把耳膜功能的数据显示出来,供医生诊断之用。这种仪器测试迅速,不会损伤耳膜,也没有疼痛感,特别适合儿童使用。此外,还可以用噪声测温法来探测人体的病灶。

(3)有源消声

人们通常会采用三种措施降低噪声,即在声源处降噪、在传播过程中降噪以及在人耳处降噪,不过这些措施都是消极被动的。为了积极主动地消除噪声,人们发明了"有源消声"的技术。它的原理是这样的:所有的声音都由一定的频谱组成,如果能够找到一种声音,其频谱与所要消除的噪声完全一样,只是相位刚好相反(相差180°),就可以把这种噪声完全抵消掉。关键就在于如何得到这种抵消噪声的声音。办法是这样的:从噪声源本身入手,设法通过电子线路将原噪声的相位倒过来。由此可见,有源消声这一技术实际上是采用了"以毒攻毒"的方法。

(4)噪声抑制癌细胞的生长速度

德国科学家经过大量实验发现:在噪音环境下,癌细胞的生长速度会减慢。这一重要发现为治疗癌症开辟了一条新的途径。目前,德国有关的科学家们正在考虑进行利用可控声音刺激法抑制肿瘤细胞生长的大规模实验,以进一步验证这一发现的可靠性及其可利用的价值。

(5)噪音测量温度

一口气读懂物理常识

美国科学家近日发明了一种新型的温度计，即利用噪音测量温度。这种温度计能在室温和–272.15℃之间进行准确的测量。耶鲁大学的研究人员用中间隔有一段氧化铝的两层铝制成了这种温度计，被称为采集噪音温度(SNT)的仪器。其工作原理是这样的：对仪器施以电压，产生的电子就会穿过中间的隔层，从而形成电流。电压磁场和噪音量之间的关系，或者说磁差，在电流中是根据温度而改变的。因此，只要知道所施加的电压，这种仪器就能够测出温度。这种新型温度计的优势在于，它是一个原始温度计，不需要外部校准。这是因为电压、噪音和温度之间的关系只依赖于最基本的物理恒量。并且这种温度计在–272.15℃时能精确到1/1000，其精确度是现在用于测量接近绝对零度的温度计的5倍。此外，这种温度计的准确测温范围比其他温度计大得多。因此，这种新型温度计可能比现在常用的直接温度计有着更广泛的用途。

(6)噪音曾被用作刑罚

第二次世界大战期间，某些国家曾经用噪音来折磨战俘。他们用高音喇叭对准敌国间谍，当声响大到让人难以忍受时，受刑者会产生心痛、心情烦躁、思索困难等症状，于是审讯者可以从中套出某些情报。当声响超过130分贝时，受刑者会大汗淋漓、全身抽筋、大声呼叫，甚至撞墙自杀，或因耳膜破裂而导致昏死。

如何消除或减弱噪音对人类的危害？

为尽量减小噪音对人类的危害，我国著名声学家马大猷教授曾总结了国内外现有各类噪音的危害和标准，提出了三条建议：

（1）为了保护人们的听力和身体健康，噪音的允许值在 75~90 分贝之间。

（2）保障交谈和通讯联络，环境噪音的允许值在 25~50 分贝之间。

（3）在睡眠时间，噪音值建议在 35~50 分贝之间。

控制噪音环境，除了考虑人为因素外，还应该兼顾经济和技术上的可行性。科学而充分的噪音控制，必须考虑噪音源、传音途径、受音者三个方面。控制噪音的措施可以针对上述三个方面进行。

因此，噪音控制可以从以下三个方面入手：

（1）降低声源噪音。工业、交通运输业可以采用低噪音的生产设备和改进生产工艺，或者改变噪音源的运动方式，比如用阻尼、隔振等措施降低固体发声体的振动。

（2）在传音途径上降低噪音。控制噪音的传播，改变声源已经发出的噪音传播途径，比如采用吸音、隔音、音屏障、隔振等措施，以及合理规划城市和建筑布局等。

（3）受音者或受音器官的噪音防护。如果在声源和传播途径上无法采取措施，或者采取的声学措施仍不能达到预期的效果，那么就需要对受音者或受音器官采取防护措施，比如长期职业性噪音暴露的工人可以戴耳塞、耳罩或头盔等护耳器。

另外，防治噪声污染还可以采取以下几种方法：

（1）营造隔音林。

（2）将噪声污染严重的企业迁离市区。

(3)利用吸声材料消除噪音。

如何使用吸声材料把噪音"吃"掉？

如果用棉被把一只滴答作响的小闹钟包起来，结果会怎么样呢？它的滴答声被"吃"掉了！

玻璃棉、矿渣棉、泡沫塑料、毛毡、棉絮、加气混凝土、吸声砖等物质都可以作为吸声材料。这些材料有的十分松软，有的带有小孔。声波传播到吸声材料上，就会引起小孔隙里空气和细小纤维的振动，由于摩擦的阻碍，声能就转化成了热能，声音就这样被"吃"掉了。

把这种吸声材料装饰在房间的内表面上，或在室内悬挂一些吸声体，房间里的噪声就能得到一定程度的降低。

根据这个道理，我们可以利用吸声材料制作成消声器。消声器是一种阻止声音传播而又允许气流通过的装置。

我们完全可以自行制作消声器来消除可恶的噪音：找一个哨子，再卷个纸筒，纸筒里放上一些泡沫塑料，把哨子放在里边。这时候再吹哨子，哨子的声音就变小了，但气流仍可通过。这就是一种最简单、最基本的消声器，叫做管式阻性消声器。声波进入消声器以后，吸声材料就把声能转化成热能了。

除了管式阻性消声器，消声器还有很多种，比如抗性的、共振式的等等，在各种空气动力机器中起着消声的作用。我国科学家近年来还发明了微穿孔板消声器和小孔消声器，不但消声效果好，而且不怕油，不怕水，使用起来非常方便。

一口气读懂物理常识

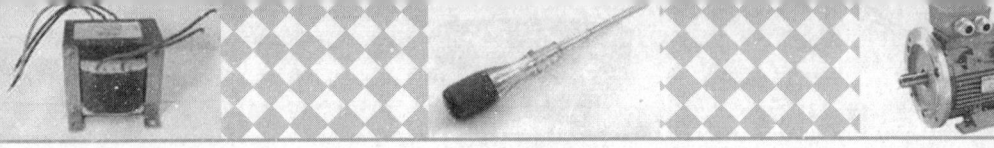

音乐厅中运用了什么声学原理？

音乐厅在设计时主要运用了声学中的混响和回声。

音乐厅是乐队演出的主要场所，除了专门为乐队服务的音乐厅之外，歌剧院、大会堂、大教堂、演播大厅、电影院等都可以作为音乐厅使用。

反映音乐厅质量的主要因素是混响。乐器停止演奏后，声音并不会马上消失，而是伴有余音的，即分贝数渐渐下降，这种现象叫做混响，声学上把声音衰减 60 分贝的时间称为混响时间。混响是由于声音在室内反射造成的，室外是不存在混响的。

混响时间主要和以下因素有关：

（1）房间的体积——通常房间的体积越大，混响时间就越长。

（2）房间内壁的材质——如果内壁是粗糙柔软的吸声材质，混响时间就会短些；如果内壁是坚硬光滑的反射材质，混响时间就会长些。房间的内壁是指墙壁、天花板、地板，以及音乐厅内一切影响声音传播的障碍物，尤其是坐椅，增加有软垫的坐椅数量会大大缩短混响时间。

（3）声音的频率——由于高频声音的反射和衍射能力比低频声音差，因此高频声音的混响时间比低频声音短。

如果混响时间太短，就会使声音变得干涩无味，反之如果太长，则会使音乐失去清晰的线条，二者都不利于音乐的欣赏。实践证明，适合乐队演奏的音乐厅，混响时间应该在 1.5~2 秒。当然，最佳的混响时间并不是固定不变和唯一的，它还取决于听众的爱

一口气读懂物理常识

好、音乐的类型、乐队的规模等因素。

与混响类似的一种现象就是回声，语言和音乐都会在回声的作用下变得模糊不清，因此回声是音乐厅中必须避免的。产生回声的主要原因是声音的反射体，如果反射体表面很平滑，那么声音会作镜面反射，同一束声线(把光学中"光线"的概念运用到声学中即为"声线")很有可能同时到达某个地方，就会产生回声；如果反射体的表面凹凸不平，那么声音会作漫反射，同一束声线会被反射到不同的方向，然后以不同的时间到达某个地方，从而形成混响。音乐厅的天花板通常有避免回声的装饰，比如很多形状不规则的吊顶等。

除此之外，管弦乐和合唱表演必须使用乐队罩，也就是乐队背后的音板，这样，向上和向后传播的声音就会尽可能多地被音板反射回来，使乐队罩起到聚光灯后凹面镜的作用。反之，如果把音板换成绒布，那么音量将会减轻很多。

电子琴是如何发音的？

电子琴属于电子乐器的一种，既可以演奏不同的曲调，又可以发出强弱不同的声音，还可以模仿二胡、笛子、钢琴、黑管以及锣鼓等多种乐器的声音。那么，电子琴的发音原理是怎样的呢？

我们都知道，当物体振动才能发出声音。振动的频率不同，声音的音调也就不同。在电子琴里，虽然不存在振动的弦、簧、管等物体，却设有很多特殊的电子装置，每个电子装置开始工作，就能使喇叭发出一定频率的声音。当按下某个琴键时，就会使与它对应的电子装置工作，从而使喇叭发出某种音调的声音。

　　电子琴的音量控制器实际上是一个可调电阻器。当转动音量控制器旋扭时,可调电阻器的电阻就会随之变化。电阻大小的变化就会引起喇叭声音强弱的变化。因此转动音量控制旋扭时,电子琴发声的响度就会随之变化。

　　在乐器发声时,除了发出某一频率的声音(即基音)以外,还能发出响度较小、频率加倍的辅助音(即谐音)。我们平时所听到的各类乐器的声音是它发出的基音和谐音的混合音。不同的乐器发出同一基音时,不仅谐音的数量不同,而且各谐音的响度也不同。因此使不同的乐器具有不同的音品。在电子琴里,除了有与基音对应的电子装置外,还有与谐音对应的电子装置,因此电子琴可以模仿各种不同乐器的声音。

下过大雪后为什么太寂静?

　　在冬天,一场大雪过后,人们往往会感到外面万籁俱静。这是什么原因呢?难道是人们户外活动减少的缘故吗?主要原因并不是这样的。

　　刚下过的雪是新鲜蓬松的。它的表面层有很多小气孔。当外界的声波传入这些小气孔时就会发生反射。由于气孔往往内部大而口径小,因此,仅有少部分波的能量能通过口径反射回来,而其余大部分的能则被吸收掉了,从而导致了自然界声音的大部分能都被这个表面层吸收了,因此就出现了万籁俱寂的现象。当雪被人踩过后,情况就大大不相同了,原来新鲜蓬松的雪就会被压实,从而减小了对声波能量的吸收,这时候,自然界就又恢复了往日的喧嚣。

一口气读懂物理常识

超声波有哪些用途？

超声波是频率高于 20000 赫兹的声波,它具有方向性好、穿透能力强、易于获得较集中的声能、在水中传播距离远等优点,可用于测距、测速、清洗、焊接、碎石、杀菌消毒等。目前,超声波在医学、军事、工业、农业等领域都有广泛的应用。

超声波有 2 个最主要特性:能量大,沿直线传播。它的应用主要是按照这两个特性展开的。

研究表明, 在振幅相同的情况下, 一个物体振动的能量和振动频率的 2 次方成正比。超声波在介质中传播时,介质质点振动的频率很高,因此能量很大。在我国北方干燥的冬季,如果把超声波通入水罐中, 剧烈的振动能使罐中的水破碎成很多小雾滴,再用小风扇把雾滴吹入室内,就可以增加室内空气的湿度。这就是超声波加湿器的原理。对于咽喉炎、气管炎等疾病,药力很难达到患病的部位,利用加湿器的原理,把药液雾化,让病人吸入,可以起到增进疗效的作用。利用超声波的巨大能量还可以把人体内的结石击碎。

金属零件、玻璃和陶瓷制品的除垢是一件非常麻烦的事情。如果在放有这些物品的清洗液中通入超声波,利用清洗液的剧烈振动冲击物品上的污垢,能很快把脏东西清洗干净。

超声波基本上是沿直线传播的, 可以定向发射。如果渔船载有水下超声波发生器,它旋转着向各个方向发射超声波,超声波遇到鱼群就会反射回来,渔船探测到反射波就可以知道鱼群的位

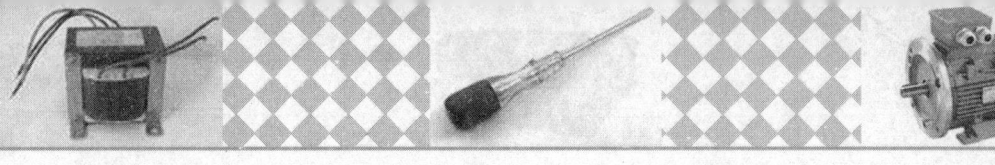

置了，这种仪器叫声呐。声呐还可以用来探测水中的暗礁、敌人的潜艇，测量海水的深度等等。

利用同样的原理，也可以用超声波探测金属、陶瓷混凝土制品，甚至水库大坝，检查其内部是否有气泡、空洞和裂纹等。

人体各个内脏的表面对超声波的反射能力是不尽相同的，健康内脏和病变内脏的反射能力也不一样。在医院检查常用的"B超"就是根据内脏反射的超声波进行造影，然后帮助医生分析体内的病变的。

在自然界中，很多动物都具备完善的发射和接收超声波的器官。比如蝙蝠，它的视觉虽然很差，但它在飞行中能不断发出超声波的脉冲，这种超声波一旦碰到昆虫等障碍物，就会以反射波的形式被蝙蝠所接收，从而可以使蝙蝠准确地捕捉到食物。

现代的无线电定位器——雷达，质量高达几十、几百乃至几千千克，而蝙蝠的超声定位系统只有几分之一克，但在某些重要性能方面，如确定目标方位的精确度、抗干扰能力等，蝙蝠都远远优于现代的无线电定位器。深入研究动物身上各种器官的功能及构造，将获得的知识用于改进现有的设备和创造新的设备，这就是仿生学的妙用。

热学篇

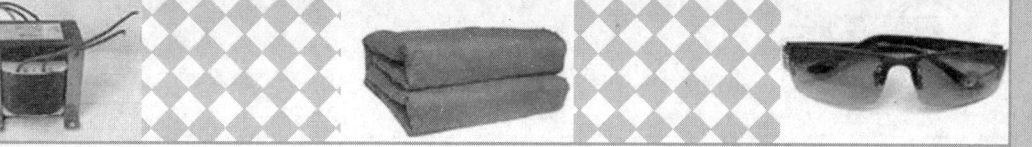

什么是热学？

热学是物理学的一个分支，是一门研究物质处于热状态时的有关性质和规律的学科。热学起源于人类对冷热现象的探索。人类生存在季节交替、气候变幻的大自然里，冷热现象是人类最常见和最早观察、认知的自然现象之一。

我国早在公元前 2000 年就已经有气温反常的记载；在公元前，东西方都出现了热学领域的早期学说。早在战国时代，我国的邹衍就创立了五行学说，他把水、火、木、金、土称为五行，认为它们是宇宙之源、万物之本。古希腊时期，赫拉克利特提出：火、水、土、气是自然界的四种独立元素。这些都是人类对自然界的早期认识。

1714 年，华伦海特改良水银温度计，定出了华氏温标，建立了一个温度测量的共同标准，使热学走上了实验科学的轨道。1912 年，能斯脱提出了热力学第三定律，这使人类对热的本质才有了正确的认识，并由此逐步建立起了热学的科学理论。

究竟什么是热？

历史上对于热的认识，曾出现过两种对立的观点。早在 18 世纪就出现了热质说，这种学说把热看成是一种不生不灭的流质，一个物体含有的热质越多，就具有越高的温度。与此同时，出现了一种和热质说相对立的学说，即把热看成物质的一种运动形式的观点，比如俄国科学家罗蒙诺索夫指出热是分子运动的表现形式。

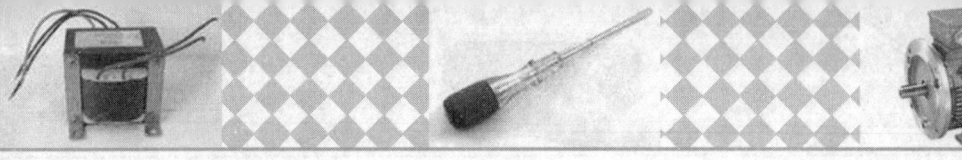

从实际角度来讲，热质说无法解释摩擦生热的现象，为此，很多科学家进行了各种各样摩擦生热的实验。尤其是朗福德的实验，他用钝钻头钻炮筒，因为钻头和炮筒内壁摩擦，在几乎没产生碎屑的情况下就使水沸腾了；1840年以后，焦耳又进行了大量的实验，证明了热是和大量分子的无规则运动有关的。

焦耳的一系列实验使人们摒弃了热质说，有力地证实了分子运动理论的正确性。

什么是分子运动理论？

分子运动理论是从物质的微观结构出发来阐释热现象规律的理论，比如它阐明了气体的温度是分子平均平动动能大小的标志，大量气体分子对容器器壁的碰撞从而产生对容器壁的压强。此外，它还初步揭示了气体的扩散、热传递和黏滞现象的本质等等。

分子运动理论的基本内容包括：

（1）一切物体都是由大量分子组成的，分子之间存在空隙。

（2）分子永不停息地做无规则运动，这种运动叫做热运动。

（3）分子之间存在着相互作用的引力和斥力。

很多客观事实，比如布朗运动、扩散现象等，都有力地证明了分子运动论的正确性，它可以很好地解释各种不同物质的结构和特点以及所有的热现象，并把物质的宏观现象和微观本质联系起来。

什么是熵？

熵是指体系的混乱的程度。它在控制论、概率论、数论、天体

物理、生命科学等领域都有非常重要的应用,在不同的学科中都有引申出的更为具体的定义,是各个领域中十分重要的参量。熵是由鲁道夫·克劳修斯首次提出的,并应用于热力学中。后来,克劳德·艾尔伍德·香农第一次把熵的概念引入到信息论中。

在物理学上,熵是指热能除以温度所得的商,标志热量转化为功的程度。

1850 年,德国物理学家鲁道夫·克劳修斯第一次提出熵的概念,用来表示任何一种能量在空间中分布的均匀程度,能量分布得越均匀,熵就越大。一个体系的能量完全均匀分布的时候,这个系统的熵就达到最大值。克劳修斯认为,在一个系统中,如果听任它自然发展,那么,能量差总是倾向于消除的。让一个热物体和一个冷物体相接触,热就会以下面的方式流动:热物体将冷却,冷物体将变热,直至两个物体的温度达到相同为止。

什么是热力学第三定律?

热力学第三定律是对熵的阐述。一般在封闭系统达到稳定平衡时,熵应该为最大值,在任何过程中,熵总是增加,但理想气体如果是绝热可逆过程,熵的变化即为零。但是理想气体在实际上是并不存在的,因此在现实的物质中,即使是绝热可逆过程,系统的熵也在增加,只是增加的少。在绝对零度,任何完美晶体(完美晶体是指没有任何缺陷的规则晶体)的熵都为零。这就是热力学第三定律。

1702 年,法国物理学家阿蒙顿提到了"绝对零度"的概念。根据他的计算,这个温度的数值即后来提出的摄氏温标大约为

–239℃。后来，兰伯特又重复了阿蒙顿的实验，更加精确地计算出这个温度为–270.3℃。他说，在这个"绝对的冷"的情况下，空气将紧密地挤在一起。但他们二人的这些看法并没有得到人们的重视。

1848年，英国物理学家汤姆逊在确立热力温标时，重新提出了绝对零度是温度的下限。

1906年，德国物理学家能斯特在研究低温条件下物质的变化时，把热力学的原理应用到低温现象和化学反应过程中，从而发现了一个新的规律，这个规律表述为："当绝对温度趋于零时，凝聚系（固体和液体）的熵在等温过程中的改变趋于零。"德国著名物理学家普朗克将这一定律改述为："当绝对温度趋于零时，固体和液体的熵也趋于零。"这就消除了熵常数取值的任意性。1912年，能斯特又把这一规律表述为绝对零度不可能达到原理："不可能使一个物体冷却到绝对温度的零度。"这就是热力学第三定律。

温度和气温有什么不同？

温度是表征物体冷热程度的物理量，从微观上讲它表示的是物体分子热运动的剧烈程度。温度只能通过物体随温度变化的某些特性来间接测量，而用来测量物体温度数值的标尺就叫做温标。温标规定了温度的读数起点（零点）和测量温度的基本单位。目前国际上常用的温标有华氏温标(℉)、摄氏温标(℃)、热力学温标(K)和国际实用温标。从分子运动理论观点来看，温度是物体分子平均平动动能的标志。温度是大量分子热运动的集体表现，含

有统计意义。少数几个分子或者是一个分子构成的系统，由于缺乏统计的数量要求，所以是没有温度的意义的。

温度是物体内部分子间平均动能的一种表现形式，分子运动越快，物体就越热，即温度就越高；分子运动越慢，物体就越冷，即温度就越低。这种现象被称为一个物体的热势，或能量效应。如果以数值表示温度，即称之为温度度数。

在物理学中，不能把温度和气温相混淆。气温是指大气层中气体的温度，是气象学中常用的概念。气温是地面气象观测规定高度（即 1.25~2.00 米，国内为 1.5 米）上的空气温度。气温直接受日射影响：日射越多，气温越高。气温空气温度记录用来表征一个地方的热状况特征。无论是在理论研究上，还是在国防、经济建设的实际应用上，气温都有着重要的意义。气温有定时气温（基本站每日观测 4 次，基准站每日观测 24 次）、日最高气温和日最低气温的分别。气温的常用单位有摄氏度（℃）和华氏度（℉），均取小数一位，负值表示零度以下。

摄氏度和华氏度有什么区别？

摄氏度和华氏度都是用来计量温度的单位。包括我国在内的世界上很多国家都是使用摄氏度，美国和其他一些英语国家则通常使用华氏度。

华氏温度用字母"℉"表示，是为了纪念其发明者华伦海特（Gabriel D. Fahrenheir）而命名的。1714 年，华伦海特以水银为测温介质，制成玻璃水银温度计，他选用氯化铵和冰水的混合物的

温度作为温度计的零度，以人体温度作为温度计的100度，把水银温度计从0度到100度按水银的体积膨胀距离分为100份，每一份为1华氏度，记作1℉。按照华氏温标，水的冰点为32℉，沸点为212℉。

摄氏度是目前世界上使用最为广泛的一种温标，它是18世纪瑞典天文学家安德斯·摄尔修斯（Anders Celsius）提出来的。在1标准大气压下，他把水的沸点定为100度，水的凝固点定为0度，其间分成100等分，1等分为1度。但是，在实际使用过程中，人们感到非常不方便。于是摄尔维斯第二年就把该温度表的刻度值颠倒过来使用。这种温度表称为摄氏温标，又称为百分温标。后来人们为了纪念安德斯·摄尔修斯，就用其名字的第一个字母"C"来表示。

目前有哪些种类的温度计？

温度计是测温仪器的总称。根据所选用测温物质的不同和测温范围的不同，温度计可以分为煤油温度计、酒精温度计、水银温度计、气体温度计、电阻温度计、温差电偶温度计、辐射温度计和光测温度计、双金属温度计等等。

根据不同的使用目的，目前已经设计制造出很多种温度计。其设计原理是不尽相同的，比如：利用固体、液体、气体受温度的影响而热胀冷缩的现象；在定容条件下，气体（或蒸气）的压强因不同温度而变化；热电效应的作用；电阻随温度的变化而变化；热辐射的影响等。

一口气读懂物理常识

一般来说，只要一种物质的某一种物理属性能随温度的改变而发生单调的、显著的变化，就可用来标志温度而制成温度计。

温度计是谁发明的？

1593年，意大利著名科学家伽利略发明了最早的温度计。他的第一只温度计是一根一端敞口的玻璃管，另一端带有核桃大小的玻璃泡。使用时先给玻璃泡加热，然后把玻璃管插进水中。随着温度的变化，玻璃管中的水面就会上下移动，根据移动的多少就可以判定温度的变化和温度的高低。因为温度计有热胀冷缩的性质，这种温度计受外界大气压强等环境因素的影响很大，因此其测量误差也就比较大。

后来，伽利略的学生和其他科学家在伽利略的基础上又进行了反复实验和改进，比如把玻璃管倒过来，把液体放在管内，把玻璃管封闭起来等。值得一提的是法国科学家布利奥在1659年制造的温度计，他把玻璃泡的体积缩小，并把测温物质改为水银，这种温度计已经具备了现在温度计的雏形。后来，荷兰物理学家华伦海特在1709年利用酒精，在1714年又利用水银作为测量物质，制造了更加精确的温度计。他观察了水的沸腾温度、水和冰混合时的温度、盐水和冰混合时的温度，并进行了反复的实验，最后把一定浓度的盐水凝固时的温度定为0℉，把纯水凝固时的温度定为32℉，把标准大气压下水沸腾的温度定为212℉。用℉代表华氏温度，这就是华氏温度计。

在华氏温度计出现的同时，法国物理学家列缪尔也设计制造

出一种温度计。他认为水银的膨胀系数太小，不适合做测温物质。他专心研究用酒精作为测温物质的优点。经过反复实践他发现，含有 1/5 水的酒精，在水的结冰温度和沸腾温度之间，其体积的膨胀是从 1000 个体积单位增大到 1080 个体积单位，因此他把冰点和沸点之间分成 80 份，定为自己温度计的温度分度，这就是列氏温度计。

1742 年，瑞典天文学家摄尔修斯改进了华伦海特温度计的刻度，他把水的沸点定为 100 度，把水的冰点定为 0 度。后来他的同事施勒默尔又把两个温度点的数值倒过来，就成了现在的百分温度，即摄氏温度，用℃表示。

目前英、美等英语国家多使用华氏温度，德国多使用列氏温度，而包括我国、法国在内的大多数国家以及世界科技界和工农业生产中则多使用摄氏温度。

如何正确使用温度计测量体温？

测量体温时需要注意以下几点：

（1）在测量体温前要检查一下体温计有无破损，甩表时不能触及硬物，否则容易破碎。

（2）如果有吃饭、喝水、运动出汗等情况，必须休息半小时以后才能测体温，以免造成测量结果偏差过大。

（3）精神异常、昏迷、婴幼儿、口腔疾患、口鼻腔手术、呼吸困难、不能合作者，不能采用口表测温，以免咬断体温表发生危险事故。

(4)直肠疾病或手术后、腹泻、心梗患者不适宜从直肠测温，热水坐浴、灌肠后，必须等 30 分钟以后才能进行直肠测温。

测量体温的常用方法有：

(1)口测法：将消过毒的体温计置于舌下，紧闭口唇，用鼻呼吸，放置 5 分钟后取出读数。正常值为 36.3℃~37.2℃。这种方法测体温比较可靠，但对婴幼儿或神志不清者不能使用。

(2)肛测法：受测者取侧卧位，将肛门温度计头涂以润滑剂，缓缓插入肛门，深达体温计长度的一半为宜，放置 5 分钟后取出读数。正常值为 36.5~37.7℃。这种方法多用于小儿或神志不清的病人，必须由医护人员执行。

(3)腋测法：将腋窝汗液擦干，把体温计置于腋窝深处，用上臂将体温计夹紧，放置 10 分钟后取出读数。正常值为 36℃~37℃。这种方法比较安全方便，且不易发生交叉感染，应用也最为广泛。

物质只有三种状态吗？

自然界的各种物质都是由大量微观粒子构成的。当大量微观粒子在一定的压强和温度作用下相互聚集为一种稳定的状态时，就称为物质的一种状态，简称为物态。

19 世纪，人们还只能根据物质的宏观特征来区分物质的状态，那时人们只知道有三种状态，即固态、液态和气态。

让气体处于高温状态下，当其原子达到几千乃至上万摄氏度时，电子就会被原子"甩"掉，原子变成只带正电荷的离子。此时，电子和离子带的电荷相反，但数量相等，这种状态叫做等离子态。

我们经常看到的闪电、流星以及点燃时的荧光灯等，都是处于等离子态。我们可以利用它放出大量能量产生的高温，切割金属、制造半导体元件、进行特殊的化学反应等。

如果物质处于极高的压力作用下，例如压强超过大气压的140万倍，组成物质的所有原子的电子壳层就会被"挤破"，电子就变为"公有"，原子就会失去它原来的化学特征。这些"光身"的原子核在高压作用下会紧密地堆积起来，成为密度极大的(大约是水的密度的3万~6.5万倍)状态，称为超固态。

有时把等离子态叫做物质的第四态，把超固态叫做物质的第五种状态。

进一步从物质的内部结构分析，物态就远远不止这几种了。例如，在固体物质里，有的其内部微观粒子呈周期性、对称性的规则排列，称为结晶态；还有一些，如玻璃、沥青等，常温下，它们虽然也有固定的形状和体积，不能流动，但其内部结构则更像液体，称为玻璃态(非晶体)；此外，还有一些有机物质，它们既能够流动，又具有某些晶体的光学特性，是介于液态和结晶态之间的状态，称为液晶态。还有很多物质在极低的温度下，会出现电阻消失的现象，称为超导态；在极低的温度下，某些液体的黏滞性会完全消失，称为超流态……不一而足。

总而言之，从物质的内部结构去分析，物态的种类还有很多。随着科技的进一步发展，我们对物质世界的认识将会越来越深入，更多的物态会被我们发现和认识。

有时同一种物质在某种温度和压力作用下，会出现几种不同物态同时存在的现象,例如水处于密闭的容器中,下部分是水而上部分是水蒸气,这是液态与气态共存的情形。另外还有固、气两态共存,固、液两态共存,或固、液、气三态共存的情形。

一般来说,不管是何种物质,在温度、压强等发生变化时,都会呈现不同的物态。研究物态变化对于我们更加深入地了解物质的结构及其性质,对于研制新材料、新物质等,都具有非常重要的现实意义。

溶化、融化、熔化有什么区别?

溶化是指固体溶解,具体来说是指某固态物质,在另一种液态物质中分散成单个分子或离子的扩散过程,即固体溶解在水或其他液体里。例如:把糖放进水里,很快就溶化了;把两块颜料搁进杯子,慢慢在水里溶化了;把一勺味精放到汤里,搅拌几下就溶化了等等。溶化的过程不需要加热,但必须有液体。

溶化在任何温度下都能进行。一般情况下,溶液的温度越高,溶化就越快,溶化的物质也就越多(氢氧化钙例外)。在溶化过程中,有的溶液温度会升高,比如氢氧化钠($NaOH$)在水中溶解;有的溶液的温度会降低,比如硝酸钠($NaNO_3$)、氯化钠($NaCl$)等在水中溶解。

熔化是指金属、石蜡等固体受热变成液体或胶体状态的过程。例如:铁加热到1530℃就会熔化成铁水;激光产生的高温,能熔化金属;块状的沥青倒入大锅,加热后就会熔化;糖块儿在铁锅里加热,慢慢就会熔化等等。

融化特指冰、雪、霜受热后化成水。例如：到了春天，河里的冰就会融化；温暖的阳光能使积雪融化；温室效应使得北极冰川逐渐融化等等。

什么是凝固和凝固点？

液体变成固体的过程叫做凝固。液体变成固体必须达到一个特定的温度值，这个温度值即为凝固点。每种液体的凝固点都是不一样的，例如酒精的凝固点是 $-117.3℃$，当温度到 $-117.3℃$ 以下时，酒精就呈固体；水银的凝固点是 $-38.87℃$；煤油的凝固点低于 $-30℃$；水的凝固点为 $0℃$ 等等。

凝固是指晶体而言的。同一种晶体，凝固点与压强有关。凝固时体积膨胀的晶体，凝固点随压强的增大而降低；凝固时体积缩小的晶体，凝固点随压强的增大而升高。在凝固过程中，液体会转变成固体，同时会放出热量。非晶体物质是没有凝固点的。

什么是晶体？

究竟什么是晶体？晶体就是晶莹闪亮的物体吗？答案并非这么简单。

众所周知，物质有三种形态，即气体、液体和固体。如果按照内部构造特点分类，固体又可以分为晶体、非晶体和准晶体三大类。

晶体是原子、离子或分子按照一定的周期性，在结晶过程中，在空间排列形成具有一定规则的几何外形的固体。

晶体具备如下几个共性特征：

（1）整齐规则——晶体有整齐规则的几何外形。

（2）熔点固定——晶体有固定的熔点,在熔化过程中,温度始终保持不变。

（3）各向异性——晶体中不同的方向上具有不同的物理性质。

（4）长程有序——指整体性的有序现象。比如在一个单晶体的范围内,质点的有序分布延伸到整个晶格的全部,也就是从整个晶体范围来看,质点的分布都是有序的。晶体中既存在短程有序,又存在长程有序。

（5）均匀性——晶体内部各个部分的宏观性质都是相同的。

（6）对称性——晶体的理想外形和晶体内部结构都具有特定的对称性。

（7）自限性——晶体具有自发地形成封闭几何多面体的特性。

（8）解理性——晶体具有沿某些确定方位的晶面劈裂的性质。

（9）最小内能——成型晶体内能最小。

（10）晶面角守恒——属于同种晶体的两个对应晶面之间的夹角恒定不变。

按照晶体内部质点间作用力性质的不同,晶体可以分为离子晶体、原子晶体、分子晶体、金属晶体等四大典型晶体。同一晶体又有单晶和多晶(或粉晶)的区别,另外还存在混合型晶体。

晶体离我们并不遥远,它就存在于我们的日常生活中,例如

一口气读懂物理常识

我们所吃的盐是氯化钠的结晶；味精是谷氨酸钠的结晶；冬天窗户上的冰花和天上飘下的雪花是水的结晶；每个人身上的牙齿、骨骼属于晶体；工业中的矿物岩石属于晶体；日常见到的各种金属以及合金制品也属于晶体，就连地上的泥土沙石等都属于晶体。我们周围的固体物质中，大部分都属于晶体。但也有一些物体常被我们误认为是晶体，例如玻璃、松香、琥珀、珍珠、松脂、沥青、橡胶、塑料、人造丝等，这些物质都属于非晶体。

晶体与非晶体有什么区别？

非晶体是指组成物质的分子(或原子、离子)不呈空间有规则周期性排列的固体。非晶体没有一定规则的外形，如玻璃、松香、石蜡等。它的物理性质在各个方向上都是一样的，称为"各向同性"。晶体也没有固定的熔点，因此有人形象地把非晶体称为"过冷液体"或"流动性很小的液体"。

在物理学中，晶体与非晶体是一对相对的概念，有必要将二者区分开来：

(1)晶体一般都具有规则的几何外形，例如，食盐晶体是立方体、冰雪晶体为六角形等；而非晶体是外形无规则形状的固体，如玻璃等。

(2)晶体之所以有规则的外形，是因为组成晶体的物质微粒按照一定的规律在空间排成整齐的行列，构成所谓的空间点阵，空间点阵排列成不同的形状，就在宏观上呈现为晶体不同的独特几何形状，例如，实验观察到的食盐晶体是由钠离子和氯离子等

距离交错排列构成的;非晶体的内部组成是原子无规则的均匀排列,例如同液体内的分子排列一样,形不成空间点阵,所以表现为各向同性。

(3)晶体具有各向异性的特性,例如,在云母片上涂上一层薄薄的石蜡,然后用炽热的钢针去接触云母片的反面,我们会发现:石蜡沿着以接触点为中心,向四周熔化成椭圆形,这表明云母晶体在各方向上的导热性不同;如果用玻璃板代替云母片重复这个实验,我们会发现:熔化了的石蜡在玻璃板上总成圆形,这说明非晶体的玻璃在各个方向上的导热性相同。

(4)晶体必须达到熔点时才能熔解,不同的晶体具有不同的熔点,并且晶体在熔解过程中温度始终保持不变;非晶体在熔解过程中,没有明确的熔点,随着温度升高,非晶体物质首先变软,然后逐渐由稠变稀,最后熔化为液体。

影响蒸发快慢的因素有哪些?

蒸发是指液体在任何温度下发生在液体表面的一种缓慢的汽化现象。气象上则是指液体变成气体的过程。

对同一种液体来说,影响蒸发快慢的因素主要有三个,即液体温度的高低、液体与气体间接触的表面积大小以及液体表面上空气流动的快慢。具体如下介绍:

(1)与温度高低有关。温度越高,蒸发就越快。无论是什么温度,液体中总有一些速度很大的分子能够飞出液面而成为汽分子,因此液体在任何温度下都能蒸发。如果液体的温度升高,分子的平均动能就会增大,从液面飞出去的分子数量就会增多,因此

液体的温度越高,蒸发得也就越快。

(2)与液面面积大小有关。如果液体表面面积增大,处于液体表面附近的分子数量就会增加,在相同的时间里,从液面飞出的分子数量也就增多,因此液面面积增大,蒸发也就加快。

(3)与空气流动有关。当飞入空气里的汽分子和空气分子或其他汽分子发生碰撞时,汽分子就有可能被碰回到液体中来。如果液面空气流动大,通风好,汽分子重新回到液体的概率就会减小,因此蒸发也就越快。

在同样的条件下,不同液体蒸发的快慢也不相同,这是由于液体分子之间内聚力大小不同造成的,例如,水银分子之间的内聚力很大,只有极少数动能足够大的分子才能从液面逸出,所以水银的蒸发速度就非常慢;液体乙醚,由于分子之间的内聚力很小,能够逸出液面的分子数量比较多,所以蒸发得就相对快一些。

什么是汽化?

汽化是指物质由液态转变为气态的变化过程。

液体中分子的平均距离比气体中要小很多。汽化的时候,其分子平均距离加大、体积急剧增大,需要克服分子间引力并反抗大气压力而作功。因此,汽化需要吸收热量。

汽化分为蒸发和沸腾两种形式。在物理学上,把只发生在物体表面的汽化现象叫做蒸发,蒸发在任何情况下都能发生,液体蒸发时需要吸收热量。沸腾是在同一温度下液体表面和内部同时进行的剧烈汽化过程,液体沸腾同样需要吸收热量。每种液体必须达到一定的温度值,并且要继续吸收热量才会沸腾。液体沸腾

时的温度叫做沸点。在标准的大气压下,水的沸点为100℃。

蒸发和沸腾有什么区别?

液体在任何温度下都能发生的,并且只发生在液体表面的汽化现象叫蒸发;在一定温度下,在液体内部和表面同时进行的剧烈的汽化现象叫沸腾。

通过蒸发与沸腾的定义,我们可以看出二者之间的区别与联系。

二者的联系在于:

(1)它们都是液体汽化的方式,即同属于汽化现象。

(2)液体在蒸发和沸腾的过程中,都需要吸收热量。

二者的区别在于:

(1)温度条件不同——蒸发是液体在任何温度下都能发生的汽化现象;而沸腾是液体在一定温度下,即必须达到沸点,并继续加热,才能发生的汽化现象。

(2)发生的地点不同——蒸发是只发生在液体表面的缓慢的汽化现象;而沸腾是在液体表面和内部同时发生的剧烈的汽化现象。

(3)温度变化可能不同——蒸发时液体温度会下降;而沸腾过程中液体温度始终保持不变(在液体表面上压强不改变的前提下)。

(4)影响因素不同——影响蒸发速度的因素主要有液体的表面积、液体的温度、液体表面附近的空气流速;而影响沸腾速度的

因素主要有液体的体积、液体的纯净程度、液体原来的温度、液体的沸点以及大气压的高低等。

（5）剧烈程度不同——蒸发比较缓和，比如蒸发时无气泡产生；而沸腾十分剧烈，比如沸腾时有气泡产生。

（6）蒸发的微观本质是由于分子的热运动，使液体表面的分子离开液体，进入空气中；而沸腾的微观本质是由于汽化剧烈产生了气泡，不只是液体表面的分子要离开液体，液体内部气泡壁上的分子也要离开液体，进入到空气中。因此，沸腾现象中包含了蒸发现象，但蒸发现象却不包括沸腾现象。

什么是液化？

液化是指物质由气态转变为液态的过程。

汽化是液化的逆过程，液化时需要放热，会使周围空气的温度升高。

液化主要有 2 种方式：降低温度和压缩体积。任何气体在温度降到足够低的时候都可以液化；在一定温度下，压缩气体的体积也可以使某些气体液化。但第二种方法并不适用于所有气体。在实际生活中也可以兼采两种方法实现气体的液化。例如：家用液化石油气就是在常温下利用压缩气体体积的方法使其液化，并储存在钢罐里的，液体打火机也是同样的道理；而火箭上的液态燃料和氧化剂则是同时采用了两种方法获得的，即在相当低的温度下利用压缩气体体积的方法获得的。

日常生活中常见的液化现象有很多，比如雾、露、雨的形成，其过程是这样的：水蒸气与热空气一起上升，在高空中遇冷时，水

蒸气就凝结成雨;冬天嘴里呼出的白气,其过程是这样的:我们嘴里呼出的水蒸气遇冷,从而液化成小水滴。

什么是升华?

升华是指固态物质不经过液态而直接转化为气态的现象。有些物质(如氧)在固态时就有较高的蒸气压,因此受热后不经熔化就可以直接变为水蒸气,冷凝时又直接变为冰。

固体物质的蒸气压与外压相等时的温度,叫做该物质的升华点。当温度到达升华点时,不仅在晶体表面,而且在其内部也会发生升华,并且作用非常剧烈,很容易将杂质一并带入到升华产物中去。为了使升华只发生在固体表面,通常总是在低于升华点的温度下进行,此时固体的蒸气压低于内压。

人类很早就认识了升华现象。我国早在西晋时期,葛洪就在其著作《抱朴子内篇》中记述道:"取雌黄、雄黄烧下,其中铜铸以为器复之……百日此器皆生赤乳,长数分。"这段话描述的就是三硫化二砷和四硫化四砷的升华现象。明朝时期,李时珍著有《本草纲目》,其中记载着将水银、白矾、食盐的混合物加热升华制成轻粉(氯化亚汞)的方法。

除了常压升华之外,还可以采取真空升华和低温升华的方法。

真空升华:由于升华与固体蒸气压和外压的相对大小有关,因此降低外压可以降低升华温度。在常压下不能升华或升华很慢的物质就可以采用真空升华。真空升华还可以防止被升华的物质

因温度过高而分解或在升华时被氧化,例如金属镁和钐、三氯化钛、苯甲酸、糖精等都可以运用这种方法提纯。

低温升华:1976年,J·W·米切尔就提出了低温升华的技术,即把温度和压力维持在升华物质的三相点以下,使它在很低的压力(几毫米汞柱)下升华,经冷凝后捕集在冷阱中而与杂质分离。这种方法操作简单,产品纯度很高,例如很难用一般方法提纯成高纯试剂的过氧化氢,如果运用这种方法提纯,一次就可以将钴、铬、铜、铁、锰、镍等杂质从1000纳克/毫升降至0.4~2纳克/毫升。

为什么说"开水不响,响水不开"?

在日常生活中,我们应该都有这样的体会:用水壶烧水时,水会发出响声,但这声音有大小两种,一种是沸腾以前,水发出非常连续的响声,音调很高;另一种是沸腾时,水发出"噗噜、噗噜"可辨的断续响声,音调远没有前者的高,这就是俗话常说的"开水不响,响水不开"。那么,这是什么原因呢?

水壶盛水之前,壶壁上吸附着一层空气,加水以后,这层空气就变成了无数微小的气泡。由于吸附力大于气泡受到的浮力,所以水并不能使它们脱离壶壁。当加热水温升高时,气泡周围的水在气泡内蒸发,使气泡体积逐渐增大,当温度达到七八十摄氏度时,变大的气泡受到的浮力超过了吸附力,它们就会离开壶壁纷纷上升,同时在壶壁上仍会留下一部分空气,这部分空气会以更快的速度增大体积而上升。上升的气泡遇到周围的凉水,气泡里的水蒸气就会液化,使气泡迅速变小或破裂。由于无数气泡在壶底急剧膨胀,又在上升中迅速变小,壶里的水就处于激烈的振动

状态，进而又引起了空气的振动，因此就形成了响声。

因为气泡体积大小交替变化非常快，使水的振动频率高，水声的音调也就高。后来，由于壶里各处的水温差越来越小，气泡体积大小的交替变化也就随之越来越慢，进而引起水声的音调逐渐变低。当水到达沸点沸腾时，气泡在水面上破裂，引起了水面大幅度的翻腾，由此而引起的空气振动频率远远不如前者的高，水声的音调也就自然低了很多。

露、霜、雾、云、雨及雪都是怎么形成的？

在夜间，地面上的草、木、石块等物体由于向外辐射热量，它们的温度会降低，当温度降至露点温度（露点温度是指空气在水汽含量和气压都不改变的条件下，冷却到饱和时的温度。形象地说，就是空气中的水蒸气变为露珠时候的温度叫露点温度）时，地面物体附近空气中的水蒸气便达到饱和。如果露点温度高于0℃，水蒸气就会在地面物体的表面上凝结成小水滴，这就是露。如果露点温度低于0℃，水蒸气则要在地面物体的表面上直接凝结成水冰粒，这就是霜。在夜间不仅是地面上物体的温度降到了露点温度以下，就连地面以上稍远处的空气温度也降到了露点，那么空气中的水蒸气就会以尘埃为核心凝结成细小的水滴，这就是雾。

当高空中空气的温度降至露点温度以下，如果露点高于0℃，空气中的水蒸气就会在尘埃上凝结成细小的水滴，这就是云，而凝结成较大的水滴就是雨。如果露点低于0℃，空气中的水蒸气则

会在尘埃上直接凝结成雪。

综上所述，我们可以知道露、霜和雾都不是从天而降的，而是地面附近空气中的水蒸气达到饱和时直接凝结生成的。而雨和雪则是从天而降的，即由高空中空气里的水蒸气达到饱和时凝结而成。

冰雹是怎样形成的？

冰雹是从积雨云中降落下来的一种固态降水。

冰雹和雨、雪一样都是从天上的云里降下来的。不过，下冰雹的云是一种发展十分强盛的积雨云，而且只有发展特别旺盛的积雨云才有可能降冰雹。

和各种云一样，积雨云也是由地面附近空气上升凝结形成的。空气从地面上升，在上升过程中气压降低，体积膨胀，如果上升空气和周围没有热量交换，由于膨胀消耗能量，空气温度就会降低，这种温度变化叫做绝热冷却。根据计算，在大气中空气每上升 100 米，因绝热变化会使温度降低 1℃左右。在一定温度下，空气中容纳水汽有一个限度，达到这个限度就会"饱和"。温度降低以后，空气中可能容纳的水汽量就会随之降低。因此，原来没有饱和的空气在上升运动中由于绝热冷却可能达到饱和，空气达到饱和以后，过剩的水汽便附着在飘浮于空中的凝结核上，形成水滴。当温度低于 0℃时，过剩的水汽便会凝华成细小的冰晶。这些水滴和冰晶聚集在一起，飘浮于空中便成了云。

大气中有各种形式的空气运动，从而形成了不同形态的云。

由于对流运动而形成的云有淡积云、浓积云和积雨云等。人们把它们统称为积状云。它们都是一块块孤立向上发展的云块，因为在对流运动中有上升运动和下沉运动，往往在上升气流区形成了云块，而在下沉气流区就成了云的间隙，所以有时可以见到蓝天。

积状云因为对流强弱不同形成各种不同云状，它们的云体大小悬殊很大。如果云内对流运动很弱，上升气流达不到凝结高度，就不会形成云，只有干对流；如果对流较强，可以发展形成浓积云，浓积云的顶部就像是椰菜，由很多轮廓清晰的凸起云泡构成，云层厚度可达4~5千米。如果对流运动非常猛烈，就可以形成积雨云，云底黑沉，云顶发展很高，可达10千米左右，云顶边缘变得模糊起来，还常常扩展开来，形成砧状。一般情况下积雨云可能产生雷阵雨，只有发展特别强盛的积雨云，云体十分高大，云中有强烈的上升气体，云内有充沛的水分，才会产生冰雹，这种云通常也被称为冰雹云。

冰雹云是由水滴、冰晶和雪花组成的，一般分为3层：最下面一层温度在0℃以上，由水滴组成；中间温度为0℃~-20℃，由过冷却水滴、冰晶和雪花组成；最上面一层温度在-20℃以下，基本上由冰晶和雪花组成。

在冰雹云中气流很强盛的，通常在云的前进方向，会有一股非常强大的上升气流从云底进入后又从云的上部流出，还有一股下沉气流从云后方中层流入，从云底流出。这里也就是通常出现冰雹的降水区。这两股有组织上升和下沉气流与环境气流连通，所以一般强雹云中气流结构比较持续。强烈的上升气流不但给雹

云输送了充分的水汽，而且支撑冰雹粒了停留在云中。最后，当上升气流支撑不住冰雹时，它就会从云中落下来，成为我们所看到的冰雹了。

为什么棉被能起到保暖的作用？

一提到棉被，我们马上会想到把它盖在身上，它具有很好的保暖功能。那么，这是什么原因呢？

这里面蕴含着一个物理道理：棉花本身就是热的不良导体，另外棉絮之间含有大量的空气，不流动的空气也是热的不良导体，二者合在一起就会使棉被具有特别好的保暖效果。这两者中被棉絮加在中间的空间起的作用最大。

试想一下：如果一个棉被没有多少弹性了，非常塌实，那么冬天盖着它就不会暖和了；如果在太阳光下晒一段时间，它就会蓬松起来，保暖效果就好得多，这是因为在阳光照射下，很多棉絮重新膨胀起来，里面又进了很多空气。

为什么说穿得越多不一定越暖和？

寒冷的冬天，有很多人喜欢穿得鼓鼓囊囊，以为穿得越多就越暖和，其实这是一种片面的认识，你知道这是为什么吗？

寒冷的冬季，外界温度很低，皮肤表面会辐射出大量的热，通过体表空气对流，身体就会发冷，如果穿上棉衣，就会立刻感到暖和。这并不是因为棉衣可以产生热量，而是由于棉衣内部的棉絮或其他絮状物（如丝绵、合成羊毛等）使身体热量不易向外散发，阻挡了外界冷空气与体表热空气的对流，因此肌肤和衣服之间就

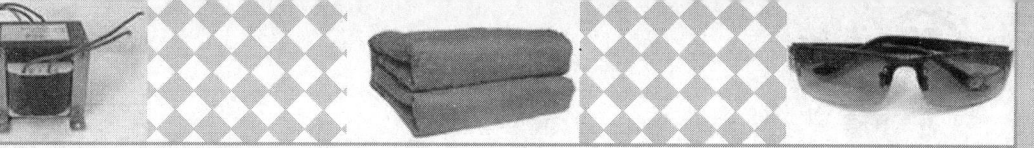

形成了温暖的小气候空间。适宜的衣服小气候有助于调节体温、维持健康。

衣服的保暖程度和衣服内空气层的厚度有关系。有很多人喜欢穿弹力衣服，衣服和身体紧贴，空气层的厚度几乎为零，因此保暖性也最差。当一件一件衣服穿上以后，空气层厚度随之增加，保暖性也就随之增大。但当空气层总厚度超过15毫米时，衣服内的空气对流就会明显加大，保暖性反而会下降，鼓鼓囊囊穿得太多也就不一定保暖。因此，冬季穿衣服要有一定的件数和适宜的厚度。羽绒服有一定的厚度，羊毛织物的气孔不是直通的，都能给人带来适宜的衣服小气候。皮类服装几乎可以阻绝衣服内外空气的对流，因而保暖效果更佳。

"水缸出汗，不用挑担"蕴含着怎样的物理学道理？

水缸里的水因为蒸发，水面以下部分温度比空气温度低，空气里的水蒸气遇到温度较低的外表面会产生液化现象，水珠就会附在水缸外面。晴天时因为空气里的水蒸气含量少，虽然也会在水缸外表面液化，但少量的液化很快就蒸发了，不能形成水珠。而如果空气潮湿，水蒸发就会很慢，水缸外表面的液化大于汽化，水缸外表面就会出现很多水珠。空气里的水蒸气含量大，降雨的可能性就大，自然就不需要挑水浇地了。

"十雾九晴"蕴含着怎样的物理学道理？

到了初冬时节，我们经常会看到这样的现象：如果早晨有雾，当天一般都会是晴天，这就是我们常说的"十雾九晴"。

"十雾九晴"是指深秋、冬季和初春的时候,大雾多发生于晴天。那么雾和晴天有没有关系呢?有怎样的关系呢?

雾是指在气温下降时,在接近地面的空气里,水蒸气凝结成的悬浮的微小水滴或冰晶。根据其成因不同,雾一般分为4种:

(1)辐射雾。晴朗、无风或微风的夜晚,地面辐射热冷却使贴近地面空气层中的水汽凝结而成的雾即为辐射。这种雾在日出前最浓,日出后随着地面气温的升高而逐渐消散或上升为层云,其厚度一般为100~200米,最薄的时候只有2~3米。

(2)平流雾。当暖空气流移动到冷海(地)面上时,就会降温而凝结成雾,这种雾称为平流雾。

(3)蒸发雾。冷空气移动较暖水面上,水面蒸发加快,使水汽达到饱和状态而形成雾。

(4)锋面雾。在两种气团之间的锋面上,因为气团混合的结果而形成的雾,这种雾称为锋面雾,它分为锋前雾、锋际雾和锋后雾三种。锋面雾多出现于地面暖锋前后,随暖锋面一起移动。锋上的降水在锋下冷空气中蒸发,使冷气团达到饱和,凝结而成的雾叫做锋前雾;在冷暖气团交界的锋区,由于冷暖气团混合而形成的雾叫做锋际雾;锋后雾是由于暖空气移到冷地面而形成的雾,与平流雾相似。中国的锋面雾往往形成于江淮地区梅雨季节的暖锋前后,或华南静止锋活动的地区。

很显然,"十雾九晴"中的"雾"指的是"辐射雾"。它的形成是因为晴朗的夜晚,无云或是少云,大气逆辐射较弱,对地面的保温作用较差,地面强烈辐射冷却使得近地面大气层中的水汽遇冷凝

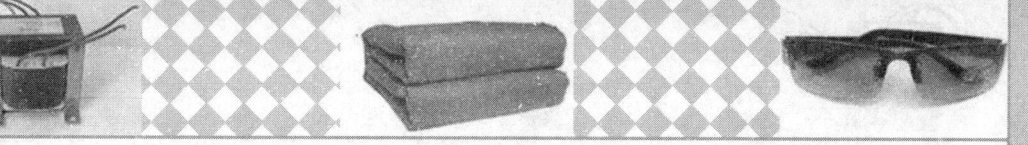

结形成雾。同时由于无云、少云，大气对太阳辐射的削弱作用减小，特别是云层的反射作用减弱，直接到达地面的太阳辐射较多，因此当天多半气温较高、天气晴朗。

"热得快"加热器蕴含着怎样的奥秘？

"热得快"是生活中很常用的一种电加热器，可以用来烧开水、热牛奶、煮咖啡等，又省时又方便。

"热得快"的加热螺圈一般是用一种较细的金属管绕制而成的，管内装有电热丝，然后灌入氧化镁粉之类的绝缘材料，把电热丝封装固定在管中间，使它不与管壁接触。电热丝的两端再分别和电源线相接。通电以后，电流从电热丝中流过，电热丝就会发热。如果把"热得快"浸没在液体中，热量就会通过液体很快扩散开来，这样使液体很快被加热，而且也不会烧坏电热丝。假如让"热得快"在空气中干烧，热量则不易散发，金属外管会很快被烤焦，甚至烧红，管内的电热丝就会被烧断。因此，使用"热得快"时应该先将其浸入液体内，液体最少应淹没加热螺圈，然后再接通电源。应该格外注意：手柄及电线不能浸入液体中。加热完毕后，应首先断开电源，等过一段时间以后，即等到"热得快"温度降低后，再把它从液体中取出来，擦干后收藏。

因为"热得快"中的电热丝是用镍铁合金制成的细丝，一般较脆、容易震断。因此，使用和保养"热得快"时不能剧烈震动，如果其表面有水垢或者附着物，可以用小毛刷轻轻刷掉，不能用硬物敲击或用小刀刮削。"热得快"的电热丝一旦断丝便无法修复，只

能更换一个新的热得快。

暖水瓶为什么能保温？

热传递方式分为 3 种：热对流、热传导以及热辐射。热的对流主要发生在液体和气体之间，热流上升，冷流下降，通过不断循环以达到动态平衡。热的传导发生在热的导体上，热从高温的一端向低温的一端传导。热的辐射不需要媒介，它通过辐射的方式向低温处传导。暖水瓶的壶胆和外壳之间是空气，空气属于热的不良导体，热传导降低了很多，壶胆内部光滑如镜，从而降低了热辐射，因此暖水瓶能起到保温的作用。

刚出锅的鸡蛋为什么不烫手？

刚从开水里取出来的熟鸡蛋，如果你用手去碰，会感觉到它并不烫手，这是为什么呢？

原因在于：刚从开水里取出来的鸡蛋表面还沾着水，水分的蒸发使蛋壳温度降低，因此手就不会感到很烫。但是，这只是很短暂的一会儿，等到鸡蛋表面的水分完全蒸发之后，鸡蛋就会变得烫手了。

由此可见，蒸发是降低温度的好方法。当室温比人体的温度高的时侯，人体向外散热主要依靠的就是蒸发的方法。人体每小时可以分泌 1 升以上的汗液，这些汗液可以带走约 580 千卡的热量。因此一个人即使待在面包炉里，只要不被直接烫伤也是能待上一会儿的。人体对周围温度的感受和空气的湿度关系很大。冬天，虽然屋子里的温度在 25℃左右，脱去衣服仍然会感觉到很冷，

一口气读懂物理常识

这是因为冬天屋子里的空气十分干燥，身上的汗水蒸发得很快；而夏天的空气比较潮湿，身上的汗水蒸发得很慢，所以不会感觉到冷。

熟鸡蛋为什么要在冷水里浸一下才容易剥壳？

鸡蛋是由硬的蛋壳和软的蛋清、蛋黄构成的。在日常生活中，我们一般都有这样的经验：鸡蛋煮熟以后，蛋清和蛋壳粘在一起，不易分离开来。如果我们把煮熟的鸡蛋在冷水里浸泡一下，剥起来就容易得多了，这是什么原因呢？

我们在生活中所接触的物质，除了少数几种以外，一般的物体都具有热胀冷缩的物理特性。但是，不同物质的伸缩程度也是不尽相同的。硬的蛋壳和软的蛋清、蛋黄的伸缩情况也不相同。在温度变化不大或温度变化均匀的时候，看不出什么明显不同。但在高温烧煮时，蛋壳受热快，蛋白传热慢，因此蛋壳膨胀的程度相对大一些。一旦浸入到冷水里，蛋壳就会因为急剧受冷而收缩，这时候，有一部分蛋白就会被蛋壳挤进蛋的空头处。当蛋白因为温度降低而收缩时，由于体积的缩小而使蛋白脱离了与蛋壳的粘连，从而就使蛋壳很容易地被剥掉了。

为什么要"冬不穿白，夏不穿黑"？

人们从生活实践中总结出来这样一条穿衣经验，即"冬不穿白，夏不穿黑"。那么，这里面蕴藏着怎样的科学道理呢？

太阳不但能给人类送来光明，而且还带来了大量的辐射热。对于辐射热来说，黑色对热只能吸收，不能反射，而白色却正好相

反。白色能反射所有颜色的光线，因此看起来就是白色的；而黑色的东西却能吸收所有颜色的光线，没有光线反射回来，因此看起来就是黑色。一般来说，深色的东西对太阳光和辐射热吸收多，反射少；而浅色的东西反射多，吸收少。因此，夏季时人们都喜欢穿浅色衣服，比如白色、浅蓝、淡黄等等，这些颜色的衣服能把大量的光线和辐射热反射掉，从而使人感到凉爽；冬季时穿黑色和深蓝色的衣服最好，因为它们能够大量地吸收太阳光和辐射热，从而使人感到暖和。

多孔冻豆腐是怎么来的？

　　豆腐本来是光滑细嫩的，但是经过冰冻以后，它的样子为什么变得"千疮百孔"，像泡沫塑料一样了呢？

　　豆腐的内部有很多小孔，这些小孔大小不一，有的互相连通，有的则闭合成一个个小"容器"，这些小孔里都充满了水分。水有一种奇怪的特性，就是在4℃的时候，它的密度最大，体积最小；到了0℃的时候，水就会结成冰，它的体积就会胀大，比常温时水的体积要大10%左右。当豆腐的温度降到0℃以下的时候，其内部的水分就会结成冰，原来的小孔就会被冰撑大，整块豆腐就被挤压成网络形状。等到冰融化成水从豆腐里跑出来以后，就会使豆腐留下数不清的孔洞，豆腐就变成了"千疮百孔"的模样。冻豆腐经过烹调以后，这些孔洞里就会灌进汤汁，所以吃起来不但富有弹性，而且味道也格外鲜美可口。

光　学　篇

什么是光？

光是人的眼睛可以看见的一种电磁波。从科学的角度定义，光是指所有的电磁波谱。光可以在真空、空气、水等透明的物质中传播。光在真空中的传播速度是 30 万千米/秒，因为光速很快，所以光从太阳到地球仅需要 8 分钟。

目前，对于可见光的范围还没有一个明确的界限，一般情况下人眼所能接受的光的波长在 400~700 纳米。人们平时所看到的光均来自于太阳或借助于产生光的设备，比如白炽灯泡、荧光灯管、激光器、萤火虫等。由此我们可以知道，光分为自然光和人造光。自然光如阳光，人造光如灯光。

光在生活中应用非常广泛，比如：光可以作为一种绿色无污染的能源；光可以应用于电子仪器，如电脑、电视、投影仪等；光可以用来通信，如光纤；光可以用于医疗保健，如伽马刀、B超仪、光波房、光波发汗房、X光机等。

光对我们有哪些危害？

在物理学中，表示光的传播方向的直线叫做光线。光线是一种几何的抽象，在实际生活中不可能得到一条光线。

没有光线，世界就没有色彩，我们周围的一切都将是漆黑一片。对于我们人类来说，光和空气、水、食物一样，是时时刻刻都离不开的。眼睛是我们最重要的感觉器官，它对光的适应能力很强，瞳孔可以跟随环境的明暗进行调节。虽然如此，我们必须懂得如何保护自己的眼睛。如果我们长期在弱光下看东西，视力就会受

到损伤;强光可以使我们的眼睛瞬时失明,重则造成永久性伤害。因此,我们必须在适宜的光环境下工作、学习和生活。

另一方面,人类的活动可能对周围的光环境造成破坏,就会造成光污染。光污染是一种特殊形式的污染,它包括可见光、激光、红外线和紫外线等造成的污染。其中,可见光污染比较常见的是眩光,例如夜晚在马路边散步时,迎面驶来的汽车的照明灯把我们的眼睛晃得睁不开,这种光污染就是眩光。眩光在一些工矿企业更为常见,比如在烧熔、冶炼以及焊接过程中,极强的光线就是一种非常有害的光污染。如果不采取适当的防护措施,长期从事电焊、冶炼和熔化玻璃等工作的人,眼睛就会受到严重的伤害。

激光是由激光器发出的一种特殊光线,它的颜色单一、笔直、强度极大。由于激光的能量集中,亮度很高,所以比别的光产生的伤害更大。激光的能量如果连续不断地发出,最大功率可以达到几万千瓦,瞬间功率可以达到上万亿千瓦,几秒钟内即可把一块厚厚的钢板打穿。因此,激光常被人称为死光。激光造成的环境污染主要包括两方面:

(1)激光束穿过空气时使很多物质(如尘土)气化,造成大气污染。

(2)激光不仅会伤害眼睛的结膜、虹膜和晶状体,还可能直接危害人体深层组织和神经系统。

目前,激光主要应用于激光工业(切割、打孔等)、测绘、医疗以及科研等领域。

红外线在军事、人造卫星以及工业、农业、卫生科研等方面应用非常广泛。红外线的污染也是不容忽视的。红外线是一种不可

一口气读懂物理常识

见光线,其主要作用是热作用,较强的红外线照射人体,可以造成皮肤伤害,出现和烫伤相似的皮肤烧伤。红外线对人眼同样有伤害,它能伤害眼底视网膜,也可以造成角膜灼伤和虹膜伤害。

紫外线也是一种不可见光线,它在生产、国防及医学等领域都有广泛的应用,例如消毒,杀菌,治疗某些皮肤病和软骨病,用于人造卫星对地面的探测等。紫外线对人体的伤害主要体现在对人眼和皮肤的伤害,长期过量照射紫外线,会使眼睛角膜受到伤害,皮肤出现"光照性皮炎",严重时会使皮肤脱皮坏死,更甚者可能引起皮肤癌变。

什么是光的反射?

所谓光的反射,是指光在两种物质分界面上改变传播方向又返回原来物质中的现象。

光的反射有其特定的规律,即光的反射定律,主要包括以下几个方面:

(1)在反射现象中,反射光线、入射光线和法线都在同一个平面内。

(2)反射光线、入射光线分居法线两侧。

(3)反射角等于入射角。

我们可以把光的反射定律简单归纳为:"三线共面,两线分居,两角相等"。关于光的反射定律有一个特殊情况,即光在垂直入射时,入射角和反射角都是零度,法线、入射光线、反射光线合为一条线,可以简单归结为:"两角零度,三线合一"。

光源分为哪几类？

自身正在发光，并且能持续发光的物体叫做光源。

在物理学中，光源可以分为 2 大类，即天然光源和人造光源。天然光源如太阳、火焰、闪电、萤火虫等；人造光源如点燃的蜡烛、发光的电灯、激光束等。

但是有些物体很容易被我们误认为是光源，比如月亮，它本身并不发光，而是反射太阳的光，所以月亮不是光源。还有一点，人造光源必须是正在发光的物体，比如点燃的蜡烛是光源，但熄灭的蜡烛就不是光源了。

从发光原理来讲，光源又可以分为以下 4 大类：

（1）热效应产生的光。太阳光就是最好的例子，此外蜡烛等物品也都一样，这类光会随着温度的变化而改变颜色。

（2）原子发光。比如荧光灯灯管内壁涂抹的荧光物质被电磁波能量激发而产生光，霓虹灯的原理也是如此。原子发光具有独自的基本色彩，所以彩色拍摄时我们需要进行相应的补正。

（3）synchrotron（同步加速器）发光。这种发光方式会同时携带强大的能量，原子炉发的光就属于这种，但是我们在日常生活中几乎没有机会接触到这种光。

（4）动物发光。比如萤火虫、某些海洋生物本身可以发光等。

哪些现象说明光是沿直线传播的？

光在同种均介质中沿直线传播，通常简称为光的直线传播。利用它可以简明地解决成像问题。人眼就是根据光的直线传播来

确定物体或像的位置的。

有很多现象可以说明光是沿直线传播的，比如激光准直，影子的形成，月食、日食的形成，小孔成像等。

通过对光的长期观察，人们发现了沿着密林树叶间隙射到地面的光线形成射线状的光束，从窗户缝隙进入屋里的阳光也是如此。大量的观察事实使人们认识到光是沿直线传播的。

为了证明光沿直线传播的这一性质，早在二千四五百年前，我国杰出的科学家墨翟和他的学生就作了世界上第一个小孔成倒像的实验，解释了小孔成倒像的原理。尽管他讲的并不是成像而是成影，但是道理是一样的。

实验过程是这样的：在一间黑暗的小屋朝阳的墙上开一个小孔，人对着小孔站在屋外，屋里相对的墙上就出现了一个倒立的人影。为什么会出现这种奇怪的现象呢？墨翟解释说，光穿过小孔就如同射箭一样，是直线行进的，人的头部遮住了上面的光，成影在下边，人的足部遮住了下面的光，成影在上边，于是就形成了倒立的影。这是对光沿直线传播的第一次科学解释。

墨家还利用光的直线传播这一特性，解释了物和影的关系。飞翔着的小鸟，它的影子也仿佛在飞动着。墨家分析了光、鸟、影的关系，揭开了影子自身并不直接参加运动的秘密。墨家指出：鸟的影子是由于直线行进的光线照在鸟身上被鸟遮住而形成的。当鸟在飞动时，前一瞬间光被遮住出现影子的地方，后一瞬间就被光所照射，影子就消失了；新出现的影子是后一瞬间光被遮住而形成的，已经不是前一瞬间的影子。因此，墨家得到了"景不徙"的结论，在古代"景"通"影"，意思就是说，影子不直接参加运动。那

么为什么影子看起来是运动着的呢？这是由于鸟飞动的时候，前后瞬间影子是连续不断地更新着，并且变动着位置，看起来就觉得影子是随着鸟在飞动一样。

光沿直线传播的性质，在我国古代天文历法中得到了广泛的应用。比如我们的祖先制造了圭表和日晷，测量日影的长短和方位，以确定时间、冬至点、夏至点；在天文仪器上安装窥管，以观察天象、测量恒星的位置等。

另外，我国很早就利用光的这一性质，发明了皮影戏。汉朝初期，齐少翁曾用纸剪的人、物在白幕后表演，并且用光照射，人、物的影像就会映在白幕上，幕外的人就可以看到影像的表演。这就是最初的皮影戏。

什么是镜面反射和漫反射？

一束平行光射到平面镜上，反射光是平行的，这种反射叫做镜面反射。在实际生活中，镜面反射是指物体的反射面是光滑的，光线平行反射，比如镜子、水面等。

当一束光射到表面凸凹不平、粗糙的物体时，它的反射光线是射向不同方向的，所以我们才能从不同的角度看到同一个物体。如果生活中都是镜面反射的话，那么我们只能站在某一特定的地方才能看得到物体。

镜面反射的反射波（电磁波、声波、水波）有确定方向，镜面反射的反射角与入射角相等，并且入射波、反射波及平面法线同处于一个平面内。摄影时应该避免镜面反射光线进入摄影机镜头，由于镜面反射光线极强，在相片上会形成一片白色亮点，影响景

一口气读懂物理常识

物本身在相片上的显现。

当一束平行的入射光线射到表面粗糙的物体时，粗糙的表面会把光线向着四面八方反射，入射线虽然互相平行，但由于各点的法线方向不一致，所以造成反射光线向不同的方向无规则地反射，这就是"漫反射"或"漫射"。很多物体，如植物、墙壁、衣服等，虽然其表面看起来似乎很平滑，但用放大镜仔细观察，就会发现其表面是凹凸不平的，所以本来是平行的太阳光被这些表面反射后，就会弥漫地射向不同的方向。

平面镜成像具有哪些特点？

反射面是光滑平面的镜子叫做平面镜。在实验中，我们经常用玻璃板来代替平面镜。

平面镜能改变光的传播路线，但并不能改变光束性质，即入射光如果分别是平行光束、汇聚光束、发散光束等光束时，反射后仍然分别是平行光束、汇聚光束、发散光束。

物体在平面镜里成的是虚像，之所以称为虚像，是因为平面镜所成的像没有实际光线通过像点，平面镜中的像是由光的反射光线的延长线的交点形成的。

平面镜成像具有以下特点：

(1)成的像是正立的虚像。

(2)像和物体的大小相等。

(3)像和物体到镜面的距离相等。

(4)像和物体左右相反。

(5)像与物的连线和镜面垂直。

平面镜成像在日常生活中非常常见，比如照镜子就是这样的原理：太阳或者灯光照射到人的身上，被反射到镜面上（注意：这一步是漫反射，不是镜面反射，不属于平面镜成像）；镜面又将光反射到人的眼睛里，因此我们看到了自己在平面镜中的虚像（这一步才是平面镜对光的反射）。

军事上常用于观察敌情的潜望镜也是利用平面镜成像原理制作而成的。

潜望镜是怎样制作成的？

潜望镜是指从海面下伸出海面或从低洼坑道伸出地面，用以窥探海面或地面上活动的装置。潜望镜的构造与普通地上望远镜相同，只是另外加了两个反射镜使物光经两次反射而折向眼中。潜望镜常用于潜水艇、坑道和坦克内用以观察敌情。

处于水下航行状态的潜艇观察海平面和空中情况的唯一手段就是借助潜望镜。多数潜艇都安装有两部潜望镜——一部攻击潜望镜和一部观察潜望镜。前者主要用于发现和瞄准水面目标，后者主要用于观察海空情况和导航观测。潜艇在浮出水面前，艇长必须指挥潜艇在潜望镜深度先用潜望镜对海平面作一次 360°的观察，只有在确认没有任何威胁的情况下潜艇才能浮出水面。

关于潜望镜是谁发明的，现在已经无法考证了。世界上最早关于潜望镜原理的记载，见于公元前 2 世纪我国的《淮南万毕术》。书中记载了这样一段话："取大镜高悬，置水盘于其下，则见四邻矣。"

我国的古代，在一些深山古庙的屋檐下，常常倾斜地挂着一

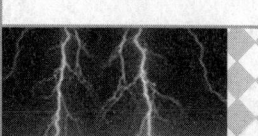

面青铜大镜,如果在庙门以内的地上放一盆水,对正镜子,这就做成了一个最简单的潜望镜,在水中会映出庙门外的羊肠小道及过往的路人。

由此可见,制作潜望镜非常简单:买两块小镜子;用硬纸片做两个直角弯头圆筒,直径比小镜子稍大一些;在纸筒的两直角处各开一个45°的斜口,将两面小镜子镜面相对插入斜口内;用纸条粘好,把两个直角圆筒套在一起。这样,一个简单的潜望镜就制作成功了。握住底筒不动,转动上筒,从底筒就可以看到远处的景物了。

什么是凹面镜?

球面镜分为凸面镜和凹面镜两类。用球面的内侧作反射面的球面镜叫做凹面镜。平行光照在凹面镜上时,通过其反射而聚在镜面前的焦点上。因其反射面为凹面,又具有聚光作用,所以也叫凹镜、会聚镜。

凹面镜的成像规律是这样的:当物距小于焦距时,成正立、放大的虚像,物体离镜面越远,像越大;当物距大于焦距时,成倒立、缩小的实像,物体离镜面越远,像越小。成的实像与物体在同侧;成的虚像与物体在异侧。

凹镜不仅可以使平行光线汇聚于焦点,还能使焦点发出的光线反射成平行光。

凹面镜在实际生活中应用非常广泛,比如:利用凹面镜对光线的会聚作用,人们研究制作成了太阳灶、台灯等;利用过焦点的光线经反射后成为平行于主轴的平行光,人们研究制作成了探照

灯、手电筒以及各种机动车的前灯。除此之外，还有太阳能焊接机、医用头灯、反射式望远镜等。

什么是凸面镜？

球面镜分为凸面镜和凹面镜两类。用球面的外侧作反射面的球面镜叫做凸面镜。射向凸面镜的平行光，经凸面镜反射后，发射光线的反向延长线相交于一点，这一点是虚焦点。凸面镜对光线具有发散作用。

凸面镜的成像规律是这样的：成正立、缩小的虚像。

在实际生活中，凸面镜的应用十分广泛，可用于转弯镜、广角镜等，最为常见的就是倒车镜和哈哈镜，利用了对光发散的原理，可以扩大视野，从而更好地注意到后方车辆的情况。

什么是凸透镜和凹透镜？

凸透镜是根据光的折射原理制成的，中间较厚，边缘较薄的透镜。凸透镜又可以分为双凸、平凸和凹凸等形式。凸透镜有会聚光线的作用，所以又称为聚光透镜。

凸透镜的成像规律是这样的：物体放在焦点以外，在凸透镜的另一侧成倒立的实像，实像有缩小、等大、放大三种。物距越小，像距越大，实像越大。物体放在焦点以内，在凸透镜同一侧成正立放大的虚像。物距越大，像距越大，虚像越大。在焦点上时不会成像。在2倍焦距上时会成等大倒立的实像。

在生活中，凸透镜可以用于放大镜、老花眼及远视的人戴的眼镜、摄影机、电影放映机、显微镜、望远镜的透镜等。

凹透镜又称为负球透镜,镜片的中央薄,边缘厚,呈凹形,所以叫做凹透镜。凹透镜对光有发散作用。平行光线通过凹球面透镜发生偏折后,光线发散,成为发散光线,不可能形成实性焦点,沿着散开光线的反向延长线,在投射光线的同一侧交于一点,形成的是一个虚焦点。凹透镜分为双凹、平凹及凸凹透镜三种。

对于薄凹透镜而言,其成像规律是这样的:当物体为实物时,成正立、缩小的虚像,像和物在透镜的同一侧;当物体为虚物,凹透镜到虚物的距离为1倍焦距(指绝对值)以内时,成正立、放大的实像,像和物在透镜的同侧;当物体为虚物,凹透镜到虚物的距离为1倍焦距(指绝对值)时,成像于无穷远;当物体为虚物,凹透镜到虚物的距离为1倍焦距以外2倍焦距以内(均指绝对值)时,成倒立、放大的虚像,像和物在透镜的异侧;当物体为虚物,凹透镜到虚物的距离为2倍焦距(指绝对值)时,成与物体同样大小的虚像,像和物在透镜的异侧;当物体为虚物,凹透镜到虚物的距离为2倍焦距以外(指绝对值)时,成倒立、缩小的虚像,像和物在透镜的异侧。

如果是厚的弯月形凹透镜,其成像情况就会比较复杂。当厚度足够大时,凹透镜就相当于一个伽利略望远镜。如果厚度更大,凹透镜还会相当于一个正透镜。

在生活中,凹透镜主要用于制作各种近视眼镜,以矫正近视眼。

凹面镜与凸透镜有什么不同?

凹面镜与凸面镜主要有以下一些区别:

（1）结构不同。

凸透镜是由两面磨成球面的透明镜体组成的；而凹面镜是由一面是凹面而另一面是不透明的镜体组成的。

（2）对光线的作用不同。

凸透镜主要对光线起折射作用；而凹面镜主要对光线起反射作用。

（3）成像性质不同

凸透镜是折射成像，成的像可以是：正立、放大的虚像，倒立、缩小或等大或放大的实像；凹面镜是反射成像，成的像可以是：正立、放大的虚像，倒立、缩小的实像。

凸透镜是使光线透过使用光线折后成像的仪器，光线遵守折射定律。凹面镜是反射回去成像的仪器，光线遵守反射定律。

凸透镜可以把平行光会聚于焦点，也可以把焦点发出的光线折射成平行光；凹面镜由于是反射成像，不会出现色差，这是任何透镜成像所不能比拟的优势。望远镜的分辨率和物镜的通光口径成正比，而大口径的透镜的制造是极其困难的，如果利用反射原理制造凹面镜则会相对容易得多。

什么是光的折射？

当光斜射到水面时，不但会发生反射，同时还会发生折射。光从一种介质斜射入另一种介质时，传播方向会发生偏折，这种现象称为光的折射。

光的折射遵守其特定的规律，即光的折射定律：

（1）折射光线和入射光线分居于法线两侧。

（2）折射光线、入射光线、法线在同一平面内。

（3）当光线从空气射入其他介质时，折射角小于入射角；当光线从其他介质射入空气时，折射角大于入射角。

（4）在相同的条件下，入射角越大，折射角越大。

关于光的折射，还需要了解以下几点：

（1）光线垂直入射时，折射光线、法线和入射光线在同一直线上。

（2）在折射过程中，光的传播速度发生改变。

（3）在光的折射中，光路是可逆的。

（4）不同介质对光的折射本领是不同的，一般情况下，空气>水>玻璃。

（5）光从一种透明均匀物质斜射到另一种透明物质中时，折射的程度与后者的折射率有关。

生活中有哪些光的折射现象？

光的折射现象在日常生活中非常常见，介绍如下：

（1）鱼儿在清澈的水里游动，可以看得很清楚。但是，如果你沿着看见鱼的方向去扎它，却扎不到。有经验的渔民都知道，只有瞄准鱼的下方才能把鱼扎到。这是因为光线在水中发生了折射。

（2）由于光的折射，池水看起来比实际的浅。因此，当你站在岸边，看见清澈见底，深不过腰的水时，千万不要冒然下水，以免因为对水深估计不足而发生危险。

（3）把一块厚玻璃放在钢笔的前面，笔杆看起来好像"错位"了，这也是由于光的折射造成的。因为玻璃能将光速减慢35%，当

光从空气传播到玻璃中时,其速度会变慢,并改变传播的方向,因此笔杆看起来就像是"错位"了一样。

海市蜃楼是怎么形成的?

在平静无风的海面上,向远方望去,有时能看到山峰、船舶、楼台、亭阁等景象。古人认为这是海中蛟龙(即蜃)吐出的气结成的,因此叫做"海市蜃楼"。海市蜃楼经常发生在沿海地带,在沙漠中偶尔也能见到。在这种现象发生时,人们会看到房屋、人、山、森林等景物,并且可以运动,栩栩如生。有人认为那是一种人间仙境。现在,人们通常把"海市蜃楼"说成是大气折射的结果,由于折射的作用,把远处的景物折射到近处来了。到底是不是这么回事呢?

事实上,海市蜃楼是光在密度分布不均匀的空气中传播时发生全反射造成的。当光线在同一密度的均匀介质中传播的时候,光的速度不变,它会沿着直线的方向前进,但是当光线倾斜地由这一介质进入另一密度不同的介质时,光的速度就会发生改变,传播的方向也会发生曲折,这种现象叫做折射。当你把一根笔直的筷子倾斜地插入水中时,可以看到筷子在水下部分与它露在水上的部分好像折断了一般,这就是光的折射造成的。当光从光密(即光在此介质中的折射率大)媒质射到光疏(即光在此介质中折射率小)媒质的界面时,就会全部被反射回原媒质内,这种现象叫做光的全反射。

夏天,海面下层空气的温度要比上层低,密度也比上层大,因此折射率也比上层大。我们可以把海面上的空气看成是由折射率不同的很多水平气层组成的。远处的山峰、船舶、楼房等发出的光

线射向空中时，由于不断被折射，进入上层空气的入射角不断增大，以致发生全反射，所以光线全部反射回地面，人们逆着光线望去，就会看到远方的景物仿佛悬在空中一样。

在炎热的柏油马路上，同样能看到这种现象。贴近热路面附近的空气层比上层空气的折射率小。从远处物体射向路面的光线，就可能发生全反射，从远处看去，路面显得格外明亮光滑，就像用水淋过一样。

在沙漠里，海市蜃楼的现象也时常发生。白天沙石被太阳晒得滚热，接近沙层的气温升高极快。因为空气不善于传热，所以在无风的时候，空气上下层间的热量交换非常小，于是使下热上冷的气温垂直差异非常明显，并导致下层空气密度反而比上层小的反常现象。在这种情况下，如果前方有一棵树，它生长在比较湿润的地方，这时由树梢倾斜向下投射的光线，因为是由密度大的空气层进入密度小的空气层，就会发生折射。折射光线到了贴近地面热而稀的空气层时，就发生全反射，光线又由近地面密度小的气层反射回到上面较密的气层中去。这样，就把树的影像送到人的眼中，于是远远看去，我们就会看到一棵树的倒影悬挂在高空。

无论是哪一种海市蜃楼，都只能在无风或风力极弱的天气条件下出现。一旦风力增强，引起上下层空气的搅动混合，上下层空气密度的差异就会减小，光线没有什么异常折射和全反射，那么所有的幻景就会立即消失。

实像和虚像的区别是什么？

物体发出的光线经光学系统（如凹面镜、凸透镜、透镜组）反

射或折射后,重新会聚而造成的与原物相似(放大或缩小)的图景叫做实像。实像的特点:实际光线的会聚,倒立,异侧,能用光屏承接(呈现),可以显现在屏幕上,所以称为实像。

如果光束是发散的,那么发散光束的反向延长线的交点就是虚像。虚像的特点:不是实际光线的会聚,正立,同侧,不能用光屏承接(呈现),无法显现在屏幕上,所以称为虚像。

实像和虚像的区别主要体现在以下几方面:

(1)成像原理不同——物体射出的光线经光学元件反射或折射后,重新会聚所成的像称为实像,它是实际光线的交点。在凸透镜成像中,所成实像都是倒立的。如果物体发出的光经光学元件反射或折射后发散,则它们反向延长后相交所成的像称为虚像。

(2)承接方式不同——虚像能用眼睛直接观看,但不能用光屏承接;实像既可以用光屏承接,也可以用眼睛直接观看。人看虚像时,仍有光线进入眼睛,但光线并不是来自于虚像,而是被光学元件反射或折射的光线,只是人眼有"光沿直线传播"的经验,以为它们是从虚像发出的。虚像可以因反射形成,也可以因折射形成,如平面镜成等大的虚像,凸透镜成放大的虚像。

(3)成像位置不同——实像在反射成像中,物、像处于镜面同侧;在折射成像中,物、像处于透镜异侧。虚像在反射成像中,物、像处于镜面异侧;在折射成像中,物、像处于透镜同侧。

什么是光的散射?

光的散射是指光在传播时因为与物质中分子(原子)作用而改变其光强的空间分布、偏振状态或频率的过程。当光在物质中

传播时,物质中存在的不均匀性(如悬浮微粒、密度起伏)也能引起光的散射。简单一点来说,光的散射就是光向四面八方散开。蓝天、白云、晚霞、彩虹、雾中光的传播等等常见的自然现象中都包含着光的散射现象。

引起光散射的原因在于媒质中存在着其他物质的微粒,或者由于媒质本身密度的不均匀性。

根据光的散射的原因不同,可以将光的散射分为 2 种类型:

(1)廷德尔散射

廷德尔散射是指颗粒浑浊媒质(颗粒线度和光的波长差不多)的散射。廷德尔散射的光强度和入射光的波长的关系不明显,散射光的波长和入射光的波长相同。

(2)分子散射

分子散射是指光通过纯净媒质时,因为构成该媒质的分子密度涨落而被散射的现象。分子散射的光强度和入射光的波长有关,但散射光的波长仍和入射光相同。

什么叫瑞利散射?

瑞利散射是指入射光在线度小于光波长的微粒上散射后,散射光和入射光波长相同的现象。这种现象是由英国物理学家瑞利提出来的。

瑞利是 19 世纪最著名的物理学家之一,1842 年 11 月 12 日出生于英国的莫尔登。瑞利对物理学曾经做出了很大的贡献,他在声学、波的理论、光学、光的散射、电力学、电磁学、水力学、液体流动理论等方面都做出了不可磨灭的贡献。1904 年,他因和拉姆

塞同时发现了惰性元素氩（Ar）而荣获了该年度的诺贝尔物理学奖。

1871年，瑞利在经过反复研究、反复计算之后，提出了著名的瑞利散射公式，当光线入射到不均匀的介质中，如乳状液、胶体溶液等，介质会因为折射率不均匀而产生散射光。瑞利的研究表明，即使是均匀介质，由于介质中分子质点不停的热运动，破坏了分子间固定的位置关系，从而也会产生一种分子散射，这就是瑞利散射。

正午时，太阳直射地球表面上，太阳光在穿过大气层时，各种波长的光都会受到空气的散射，其中波长较长的波散射较小，大部分能传播到地面上。而波长较短的蓝、绿光，受到空气散射较强，天空通常呈现蓝色正是由于这些散射光的颜色。

正是因为波长较短的光容易被散射掉，而波长较长的红光不容易被散射掉，它的穿透能力也比波长短的蓝、绿光强，因此生活中常用红光作指示灯，从而让司机在大雾迷漫的天气里也能够看清指示灯，以防止交通事故的发生。

为什么专业相机都是黑色的？

金属机身的相机诞生之初，电镀技术还不成熟，因此当时大部分相机都采取涂黑油漆的简单工艺。随着电镀技术的逐步提高，解决了电镀的成本问题，相机逐渐向镀铬机身转型。虽然很多人都对镀铬机身上的花纹情有独钟，但作为战地摄影报道的专业摄影记者却不喜欢，因为那种光亮的机身很容易被敌人发现而成为被袭击的目标。换句话说，黑色机身是专门为专业摄影者设计

的,所以很多发烧友非常钟爱黑色机身。

20世纪80年代前半期,曾一度作为特殊相机而存在的黑色机身逐渐演变成普通相机。当时塑料机身的单反相机已经问世。相机生产厂家对镀铬工艺重新进行了认识,由于电镀外层容易脱落,要解决这个问题就要加大生产成本,因此诞生了塑料机身。另外,镀铬所用的处理液对环境会造成污染。尽管存在这些问题,但无论是专业摄影记者还是发烧友,一直对黑色机身情有独钟,因此,黑色机身自然而然地就成了主要机型。

太阳为什么能发光发热?

我们知道,月球、地球都是坚硬的球体,而太阳却是一个炽热的气体大火球,它的表面温度高达600万℃,中心温度高达1500万℃,任何物质在太阳上都会化成气。月球虽然也有光,但它自身并不能发光,而是反射太阳的光。那么,太阳为什么会发光呢?

太阳的主要成分是氢,它们互相作用,会结合成氦原子核,同时放出光和热,这叫做热核反应。太阳就是一个用原子作燃料的大火炉。1千克的原子燃料相当于30亿千克的煤。太阳的原子燃料非常丰富,几亿年也烧不完,因此太阳将永久地供给我们光和热。

天文学家曾经这样设想过:太阳是一个正在燃烧的大煤球。但是经过仔细计算,像太阳那么大的煤球,如果一直燃烧下来,也只能烧3000多年,而我们人类的历史已经有几十万年,有文字可考的文明史也有5000多年了。太阳的"年龄"不可能比人类历史还短。按照这种设想,太阳这个大煤球早就该烧完了。但实际上,

时至今日太阳光度并没有发生什么变化。那么，太阳为什么能源源不断地供给我们光和热呢？

20世纪以来，随着原子物理学的发展，人们才最终解决了太阳能源的问题。著名科学家爱因斯坦发现了物体质量与能量的关系。只要有一点点质量转化为能量，其数值就十分巨大，比如1克物质相对应的能量，就相当于1万吨煤全部燃烧所释放的热量。

太阳的能源是一种原子能。太阳主要由氢组成，氢占其质量的70%以上。在太阳内部高温、高压的条件下，氢原子会发生"热核反应"，由4个氢原子核合成1个氦原子核。在这个反应中，有一部分质量转化为能量，从而释放出大量的热量。太阳内部的热核反应，类似于地面上的氢弹爆炸。正因为在太阳核心区不断地发生着无数的"氢弹爆炸"过程，所以太阳才能源源不断地供应我们光和热。

早晚的天空为什么是红色的？

早晨和傍晚，在日出和日落前后的天边，经常会出现五彩缤纷的彩霞。朝霞和晚霞都是由于空气对光线的散射作用而形成的。当太阳光射入大气层以后，遇到大气分子和悬浮在大气中的微粒，就会发生散射。这些大气分子和微粒本身是不会发光的，但因为它们散射了太阳光，从而使每一个大气分子都形成了一个散射光源。根据瑞利散射定律，太阳光谱中波长较短的紫、蓝、青等颜色的光最容易散射出来，而波长较长的红、橙、黄等颜色的光透射能力极强，因此，我们看到晴朗的天空总是呈蔚蓝色，而地平线上空的光线只剩下波长较长的黄、橙、红光了。这些光线经过空气

一口气读懂物理常识

分子和水汽等杂质的散射后,那里的天空就带上了绚丽的色彩。

俗话说:"早霞不出门,晚霞行千里。"意思即是说,早晨出现鲜红的朝霞,说明大气中水滴已经很多,预示着天气可能会转雨。如果出火红色或金黄色的晚霞,则表明西方已经没有云层,阳光才能透射过来形成晚霞,因此预示天气将会转晴。

为什么夜间行车时,车内不宜亮灯?

当晚上乘车或在路边行走时,我们会看到夜晚行驶的汽车,车里的灯总是关闭的。这是为什么呢?因为当车里开灯时,汽车的挡风玻璃就相当于一个平面镜,车里人、物在玻璃的反射下会在车前方形成虚像,由于车里的光线比外面强,所以虚像可能比车前的实际物体或行人还要明显,这很可能使司机看不清或发生混淆,造成判断失误进而造成交通事故。因此,夜间行车的时候,为了保证司机看清路面上的景物,避免交通事故的发生,必须关闭车里的灯。

为什么早晨温度低,中午温度高?

因为早上地球表面有云气,透过云气来看太阳,就显得太阳很大。中午云气消散,就显得太阳很小。实际上太阳的大小并没有变化。根据我们的主观感觉来判断地面距离太阳的远近,其实是一种错误。

据科学家测算,地球和太阳的平均距离为 14960 万千米。由于在夜里太阳照射到地面上的热度消散了,所以早上会感到很凉快;中午,因为太阳的热度照射到地面上,所以会感到热。这个温度的凉热,并不能说明太阳距离地面的远近。

我们都有这样的体会:看白色图形比看同样大小的黑色图形要显得大一些,这在物理学上叫做"光渗作用"。当太阳刚刚上升时,四周天空是暗沉沉的,因此太阳会显得很明亮,而到了中午,四周天空都很明亮,因此太阳与背衬的亮度差并没有早晨那么悬殊。总之,不管是早晨还是中午,太阳与我们的距离都是一样的,它的大小也是没有变化的,看起来早晨的太阳比中午的大些,只是我们眼睛的错觉而已。

中午时会比早晨热,是因为中午时太阳光是直射在地面上,而早晨太阳光是斜射在地面上。当太阳光直射地面时,地面和空气在相同的时间里、相等的面积内接受太阳的辐射热比早晨太阳光斜射时要多,因此中午要比早晨热。

其实,天气的冷热主要决定于空气温度的高低。影响空气温度的主要因素,是由太阳的辐射强度所决定的,但太阳光热并不是使气温升高的直接原因。因为空气直接吸收的太阳热能只是太阳辐射总热能的一小部分,而其余大部分都被地面吸收了。地面吸收了太阳辐射热以后,再通过辐射、对流等热传导方式向上传导给空气,这才是使气温升高的主要原因。

太阳镜为什么能保护眼睛?

不反光的玻璃是由美国科学家凯瑟琳·布洛杰特发明的。这种玻璃在任何光照下都是完全透明的。瑟琳·布洛杰特是纽约通用电器公司声望极高的实验室区接受的第一位女性。当时她才19岁,成为物理化学家、诺贝尔奖获得者欧文·朗缪尔的助手。当时,欧文正在从事分子膜的研究。分子膜是很薄的物质膜层,就像单个分子铺成的"垫"那样。布洛杰特在20世纪30年代末发现,把一种钡的薄膜放在透镜上,

一口气读懂物理常识

可以减少透镜的全反射光。于是不反光的眼镜就诞生了。

太阳镜能遮挡令人不舒服的强光,同时可以保护眼睛免受紫外线的伤害。这一切都要归功于金属粉末过滤装置,它们能在光线射入时对其进行"筛选"。有色眼镜能有选择地吸收组成太阳光线的部分波段,就是由于它含有很细的金属粉末(铁、铜、镍等)。事实上,当光线照到镜片上时,由于所谓"相消干涉"过程,光线就被消减了。换句话说,当某些波长的光线(这里指的是紫外线 a,紫外线 b,有时还有红外线)穿过镜片时,在镜片内侧即朝向眼睛的方向,它们就会相互抵消。形成光波的相互重叠并不是偶然现象:一个波的波峰同其靠近的波的波谷合在一起,就会导致相互抵消。相消干涉现象主要取决于镜片的折射系数,即光线从空气中穿过不同物质时发生偏离的程度,还取决于镜片的厚度。一般来说,如果镜片的厚度变化不大,则镜片的折射系数会因化学成分的差异而不同。

偏振眼镜则提供了另外一种保护眼睛的机理。柏油马路的反射光是比较特殊的偏振光。这种反射光和直接来自太阳的光或者任何人工光源的光的不同之处就在于秩序问题。偏振光是由全朝一个方向震动的波形成的,而一般的光则是由不定向震动的波形成的。一般来说,反射光是一种有秩序的光,偏振镜片对阻挡这种光特别有效,因为它的过滤性在发挥作用。这种镜片只允许朝一定方向震动的偏振波通过,就像把光重新"梳理"了一样。对于道路反光问题,使用偏振眼镜能减少光的透射,因为它不让与道路平行震动的光波通过。事实上,过滤层的长分子被导向水平方向,可以吸收水平偏振光线。这样,大部分的反射光就被消除掉了,而周围环境的整个照明度并不会减少。

对司机而言,变色镜有怎样的作用?

很多汽车司机在开车时常会戴一副黑眼镜。在阳光下或积雪天驾驶汽车的时候,这副黑眼镜能保护眼睛免受强光的刺激。但是,当汽车突然由明处驶向暗处的时候,戴着的黑眼镜反而会变成累赘。这样,司机就要一会儿戴,一会儿摘,反反复复,很不方便。

有什么好办法来解决司机这个苦恼呢?变色眼镜的发明帮助司机们解决了这个难题。在阳光下,它是一副黑墨镜,浓黑的玻璃镜片能遮住耀眼的阳光;在光线柔和的地方,它又变得和普通的眼镜一样,无色透明。那么,变色眼镜的奥秘究竟在哪里呢?

变色眼镜的奥妙全在它的镜片玻璃上。这种特殊的玻璃叫做"光致变色"玻璃。在制造过程中,这种玻璃预先掺进了对光敏感的物质,比如氯化银、溴化银(统称卤化银)等,还有少量的氧化铜催化剂。眼镜片从没有颜色变成浅灰、茶褐色,再从黑眼镜变回到透明眼镜,都是卤化银的功劳。在变色眼镜的玻璃里,有和感光胶片的曝光成像十分相似的变化过程。卤化银见光分解,变成很多黑色的银微粒,均匀地分布在玻璃里,玻璃镜片因此显得暗淡,可以阻挡光线通行,这就是黑眼镜。但是,和感光胶片上的情况不一样,卤化银分解后生成的银原子和卤素原子,仍旧紧紧地挨在一起。当进入稍暗一点的地方,在氧化铜催化剂的作用下,银和卤素重新化合,生成卤化银,玻璃镜片又变得透明起来。卤化银常驻在玻璃里,分解和化合的反应反复不断地进行着。变色眼镜不但能随着光线的强弱变暗变明,还能吸收对眼镜有害的紫外线,所以成为护眼的必备工具之一。

电磁学篇

什么是电？

电是个一般术语，它包括很多种由于电荷的存在或移动而产生的现象。其中有很多是很容易观察到的现象，比如闪电、静电等等；还有一些比较生疏的概念，比如电磁场、电磁感应等等。

在宏观世界，电是指电能，是人类发现并大规模利用的一种洁净高效的能源；在微观世界，电是指电子和电荷。

在人类周围，电是一种很常见的现象：夏季的风云变换常伴随着电闪雷鸣；干燥的天气脱衣服会伴随"劈劈啪啪"的火花；塑料梳子梳头，头发会随梳子飘起等等。

1733 年，法国科学家迪菲，首先根据吸引和排斥的原理把电荷分为 2 种，并以"玻璃电"和"琥珀电"来命名带电物体。

1747 年，美国科学家富兰克林把用丝绸摩擦过的玻璃棒带的电荷为正电荷；用毛皮摩擦过的橡胶棒带的电荷为负电荷。

20 世纪初，原子结构被发现，人类对电的起源和本质才有了更为精确的认识：物体是由单位的分子和原子构成的，原子是由原子核和核周围高速运转的电子构成，原子核由带正电的质子和不带电的中子构成，而其周围的电子带负电，质子的电荷量等于电子的电荷量，因此整个原子呈中性。当摩擦时，外部高速运转的电子转移到别的物体上，由于电荷量不均衡使失去电子的物体带正电，获得电子的物体带负电。带等量正负电荷的两个物体接触时，正负电荷会相互转移，使物体恢复到不带电的状态，即为中和状态。

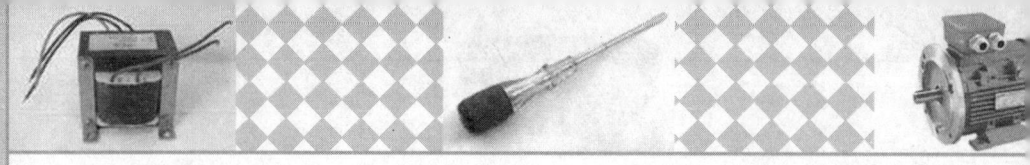

什么是电荷？

带正负电的基本粒子叫做电荷，其中带正电的粒子叫做正电荷，表示符号为"+"；带负电的粒子叫做负电荷，表示符号为"–"。

在古代，人类很早就发现了摩擦起电的现象，并认识到电只有正负两种，并且同种相斥，异种相吸。但是，不管是正电荷还是负电荷，都有着吸引轻小物体的能力。由于当时的人们不明白电的本质，认为电是附着在物体上的，所以称其为"电荷"，并把显示出这种斥力或引力的物体称为带电体。有时也把带电体称为"电荷"，如"自由电荷"。

后来，人类对电有了进一步科学的认识，但"电荷"这一名称却一直沿用了下来。

电荷的多少叫做电荷量，即物质、原子或电子等所带的电的量。电量的单位是库仑，简称库，用 C 表示。库仑不是国际单位制的基本单位，而是国际单位制导出单位，1 库仑=1 安培·秒。是为了纪念法国物理学家查利·奥古斯丁·库仑（Charlse Augustin de Coulomb）而命名的。

虽然我们把"带电粒子"称为电荷，但电荷本身并不是"粒子"，只是我们常把它想象成为粒子以便于描述，因此带电量多者我们称其为具有较多电荷，带电量少者我们称其为具有较少的电荷。电量的多少决定了力场即库仑力的大小。

根据库仑定律，带有同种电荷的物体之间会互相排斥，带有异种电荷的物体之间会互相吸引。排斥或吸引的力和电荷的乘积

成正比。

构成物质的基本单位是原子，原子是由电子和原子核构成的，原子核又是由质子和中子构成的，电子带负电，质子带正电，是正、负电荷的基本单元，中子不带电。所谓物体不带电其实就是电子数和质子数相等，物体带电则是这种平衡的破坏。在自然界中，根本不存在脱离物质而单独存在的电荷。在一个孤立系统中，无论发生了什么变化，电子、质子的总数是不会改变的，只是组合方式或所在位置发生了变化，因此电荷必定守恒。

什么叫电源？

电源是指提供电压的装置，或者说是把其他形式的能转换成电能的装置。发电机能把机械能转换成电能，干电池能把化学能转换成电能，所以它们都属于电源。

电池本身并不带电，它的两极分别有正负电荷。因为导体里本来就有电荷存在，要产生电流只需要加上电压即可。当电池两极接上导体时为了产生电流而把正负电荷释放出去，当所有电荷散尽时，也就是电荷流(压)消尽了，即电池的电量就耗尽了。

什么是库仑定律？

库仑定律是法国物理学家查利·奥古斯丁·库仑在 1785 年发现的。库仑定律是电学发展史上的第一个定量规律，它使电学的研究从定性进入定量阶段，是电学发展史中的一个重要里程碑。

库仑定律是电磁场理论的基本定律之一，它的内容是这样的：真空中两个静止的点电荷之间的作用力与这两个电荷所带电

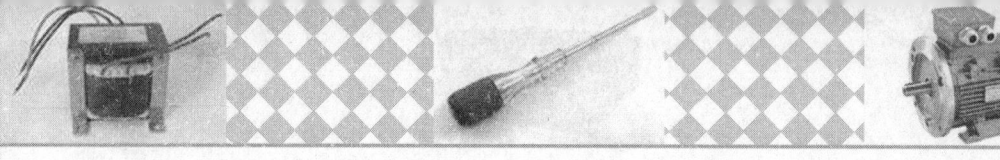

量的乘积成正比,和它们距离的平方成反比,作用力的方向沿着这两个点电荷的连线,同名电荷相斥,异名电荷相吸。

由此我们可以看出,库仑定律成立的条件是:处在真空中,而且必须是点电荷。

关于库仑定律,我们还应该注意以下几点:

(1)库仑定律只适用于计算两个点电荷间的相互作用力,并不适用于非点电荷间的相互作用力。

(2)应用库仑定律求点电荷间相互作用力时,不必把表示正、负电荷的"+"、"-"符号代入公式中,计算过程中可用绝对值计算,然后根据电荷的正、负确定作用力为引力或斥力以及作用力的方向。

(3)库伦力同样要遵守牛顿第三定律,不要认为电荷量大,作用力就大,电荷量小,作用力就小。库仑力同样是作用力与反作用力的关系。

库仑定律是如何被发现的?

库仑家里很富有,因此库仑在青少年时期就受到了良好的教育。离开学校以后,他把主要精力放在了研究工程力学和静力学方面。

1785 年,库仑用自己发明的扭秤建立了静电学中著名的库仑定律。库仑的扭秤是由一根悬挂在细长线上的轻棒和在轻棒两端附着的两只平衡球组成的。当球上没有力作用时,棒会处于一定的平衡位置。如果两球中有一个带电,同时把另一个带同种电荷的小球放在它的附近,则会有电力作用在这个球上,球就会移动,

使棒绕着悬挂点转动,直到悬线的扭力和电的作用力达到平衡时为止。因为悬线很细,很小的力作用在球上就可以使棒显著地偏离其原来的位置,转动的角度与力的大小成正比。库仑让这个可移动球和固定的球带上不同量的电荷,并改变它们之间的距离:第一次,两球相距 36 个刻度,测得银线的旋转角度为 36 度;第二次,两球相距 18 个刻度,测得银线的旋转角度为 144 度;第三次,两球相距 8.5 个刻度,测得银线的旋转角度为 575.5 度。

这个实验表明,两个电荷之间的距离为 4:2:1 时,扭转角为 1:4:16。因为扭转角的大小和扭力成反比,因此可以得到这样的结论:两电荷间的斥力的大小与距离的平方成反比。库仑认为第三次的偏差是由于漏电所致。

又经过一系列的实验和反复测量,并对实验结果进行分析,库仑找到了误差产生的原因,并且进行了修正。最后,库仑终于测定了带等量同种电荷的小球之间的斥力。

但是对于异种电荷之间的引力,用扭秤来测量就遇到了困难。因为金属丝的扭转的回复力矩仅与角度的一次方成比例,这就不能保证扭秤的稳定。经过反复的思考,库仑发明了电摆。他利用和单摆相类似的方法测定了异种电荷之间的引力也与它们的距离的平方成反比。

最后库仑终于找出了在真空中两个点电荷之间的相互作用力与两点电荷所带的电量及它们之间的距离的定量关系,即两电荷间的力与两电荷的乘积成正比,与两者的距离平方成反比。这就是著名的库仑定律。

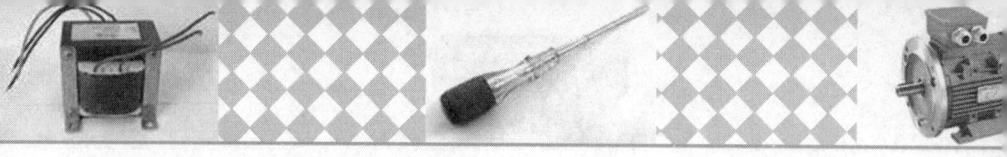

什么叫摩擦起电？

用摩擦的方法使两个不同的物体带电的现象，叫做摩擦起电。两种不同的物体相互摩擦以后，一种物体会带正电，另一种物体则会带负电。摩擦起电是电子由一个物体转移到另一个物体的结果，因此原来不带电的两个物体摩擦起电时，它们所带的电量在数值上必然相等。摩擦过的物体具有吸引轻小物体的现象。

自然界中只存在两种电荷，即正电荷和负电荷。科学上规定，用丝绸摩擦过的玻璃棒带的电荷叫正电荷，用毛皮摩擦过的橡胶棒带的电荷叫负电荷。

电荷间的相互作用有这样的规律：同种电荷相互推斥，异种电荷相互吸引。

任何两种物体摩擦都可以起电。18世纪中期，美国科学家本杰明·富兰克林经过分析和研究，认为有两种性质不同的电，即正电和负电。物体因摩擦而带的电，不是正电就是负电。

摩擦起电只是一种现象。任何物体都是由原子构成的，而原子是由带正电的原子核和带负电的电子所组成的，电子时刻不停地绕着原子核运动。在通常情况下，原子核带的正电荷数与核外电子带的负电荷数相等，因此原子不显电性，整个物体是中性的。原子核里正电荷数量很难改变，而核外电子却能摆脱原子核的束缚，转移到另一物体上，从而使核外电子带的负电荷数目改变。当物体失去电子时，它的电子带的负电荷总数就比原子核的正电荷少，整个物体就显示出带正电；相反，本来是中性的物体，当得到

电子时,它就会显示出带负电。

什么是电流?

电流是指电荷的定向移动。在物理学上,规定的电流的方向是正电荷定向移动的方向。电源的电动势形成了电压(电势差),继而产生了电场力。在电场力的作用下,处于电场内的电荷发生定向移动,从而形成了电流。电流的大小称为电流强度,电流强度即单位时间内通过导线某一截面的电荷量,简称电流,符号是 I。每秒通过 1 库仑的电量称为 1 安培(A)。安培是国际单位制中所有电性的基本单位。除了安培,常用的单位还有毫安(mA)、微安(μA)等。

电流的产生必须具备以下条件:

(1)具有能够自由移动的电荷(金属中只有负电荷移动,电解液中是正负离子同时移动)。

(2)导体两端存在电压差,要使闭合回路中产生持续的电流,必须要有电源。

(3)电路是通路。

在电源外部,电流沿着正电荷移动的方向流动;在电源内部,电流由负极流回正极。

什么是电压?

电压,也叫做电势差或电位差,是衡量单位电荷在静电场中由于电势不同所产生的能量差的物理量。电压的概念与水位高低所造成的"水压"相似。需要注意的是,"电压"一词一般只用于电

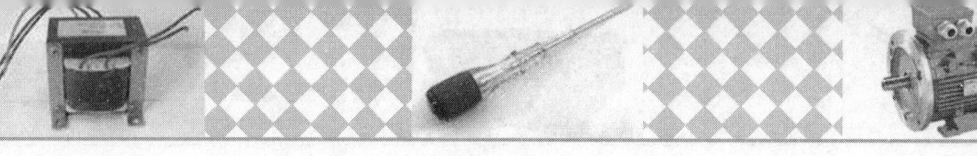

路当中,"电势差"和"电位差"两个词则普遍应用于一切电现象当中。

在国际单位制中,电压的主单位是伏特,简称伏,用符号 V 表示。1 伏特等于对每 1 库仑的电荷做了 1 焦耳的功,即 $1V = 1 J/C$。除了伏特之外,大电压常用千伏(kV)为单位,微小电压则可以用毫伏(mV)和微伏(μv)。

这几个电压单位之间的换算关系是:$1kV=1000V$;$1V=1000mV$;$1mV=1000\mu V$。

电压是推动电荷定向移动形成电流的原因。电流之所以能在导线中流动,也是因为在电流中有着高电势和低电势之间的差别,这种差别叫做电势差,也叫电压。换句话说。在电路中,任意两点之间的电位差叫做这两点的电压。在物理学中,电压通常用字母 U 代表。

电压可以分为高电压和低电压。高、低压的区别是:以火线对地间的电压值为依据的,对地电压高于 250 伏的为高压,对地电压小于 250 伏的为低压。其中,安全电压是指不致使人直接致死或致残的电压。一般环境条件下,允许持续接触的"安全特低电压"是 36V。

什么是电阻?

物质对电流的阻碍作用叫做该物质的电阻。在物理学中,用电阻来表示导体对电流阻碍作用的大小。导体的电阻越大,表示导体对电流的阻碍作用越大。不同的导体,电阻一般不同,电阻是

导体本身的一种性质。

　　导体的电阻通常用字母 R 表示，电阻的单位是欧姆(ohm)，简称欧，符号为 Ω(希腊字母，译成汉语拼音读作 ōu mì gǔ)。比较大的电阻单位还有千欧(kΩ)、兆欧(MΩ)及吉欧(GΩ)等。它们之间的换算关系是：1GΩ=1000MΩ；1MΩ=1000kΩ；1kΩ=1000Ω。

　　另外，电阻器也可简称为电阻，是所有电子电路中使用最多的电子元件。电阻的主要物理特征是变电能为热能，也就是说它是一个耗能元件，电流经过它就产生内能。电阻在电路中通常起着分压分流的作用，对信号来说，交流与直流信号都可以通过电阻。

　　电阻是一个线性元件。之所以说它是线性元件，是因为通过实验发现，在一定条件下，流经一个电阻的电流与电阻两端的电压成正比，即它是符合欧姆定律：$I=U/R$。

　　导体的电阻是它本身的一种性质，取决于导体的长度、横截面积、材料和温度。一个导体的电阻不仅取决于导体的性质，还与导体工作点的温度有关。对于某些金属、合金和化合物，当温度降到某一临界温度时，电阻率会突然减小到无法测量，这就是超导现象。

　　导体的电阻和温度有关。一般来说，金属导体的电阻会随温度的升高而增大，比如电灯泡中钨丝的电阻。半导体的电阻与温度的关系很大，温度稍有增加，电阻值就会减小很多。通过实验可以找到电阻与温度变化之间的关系，根据电阻的这一特性，我们可以制造电阻温度计，即通常所说的热敏电阻温度计。

什么是导体？

导体是容易导电的物体(并不是能导电的物体叫导体)，即容易让电流通过材料叫做导体。

导体依照其导电性还能够细分为超导体、导体、半导体以及绝缘体。我们通常把导电性和导电导热性差或不好的材料，如金刚石、人工晶体、琥珀、陶瓷、橡胶等等，称为绝缘体；而把导电、导热性能都比较好的金属，如金、银、铜、铁、锡、铝等称为导体。可以简单地把介于导体和绝缘体之间的材料称为半导体。

在金属中，一部分电子可以脱离原子核的束缚，而在金属内部自由移动，这种电子叫做自由电子。金属导电，就是因为它的自由电子。

什么是绝缘体？

绝缘体是不容易导电的物体(并不是不能导电的物体)，即不善于传导电流的物质叫做绝缘体。绝缘体又称为电介质，它的电阻率极高。

绝缘体的种类非常多，固体的如塑料、橡胶、玻璃、陶瓷等；液体的如各种天然矿物油、硅油、三氯联苯等；气体的如空气、二氧化碳、六氟化硫等。在通常情况下，气体也是良好的绝缘体。

绝缘体并不是绝对的不导电，它在某些外界条件，如加热、加高压等影响下，会被"击穿"，从而转变为导体。在未被"击穿"之前，绝缘体也不是绝对的不导电，比如在绝缘材料两端施加电压，材料中也会出现微弱的电流。

绝缘体可以分为热绝缘体和电绝缘体两种，热绝缘体即可以阻止热流动的物质；电绝缘体即可以阻止电荷流动的物质。电绝缘体是相对于导体和半导体而言的。

完全意义上的热绝缘体，根据热力学第二定律是不可能存在的。但是有一些材料，如二氧化硅，就非常接近真正的电绝缘体，从而产生了闪存技术。一种更大类别的材料，如橡胶和很多的塑料等，对于家庭和办公室配线来说都是"完美"的绝缘体，不存在安全性方面的隐患，并且效率也很高。

在没有发明出更好的合成物质之前，在大自然的固有物质中，云母和石棉都可以作为很好的热和电绝缘体。

什么是电路？

电流流过的回路叫做电路，也称为导电回路。最简单的电路是由电源、负载、导线、开关等元器件组成的。电路导通叫做通路。只有通路，电路中才有电流通过；电路某一处断开叫做断路或开路；电路某一部分的两端直接接通，使这部分的电压变成零，叫做短路。开路或断路是允许的，但是短路绝不允许，因为短路会导致电源被烧坏。

电路一般都由电源、负载、连接导线和辅助设备四大部分组成。

（1）电源

电源是提供电能的设备。电源的功能就是把非电能转化为电能，例如，电池是把化学能转变成电能；发电机是把机械能转变成电能。由于非电能的种类有很多，转变成电能的方式也就有很多，

所以,目前实用的电源类型也很多,最常用的电源是固态电池、蓄电池和发电机等。

（2）负载

在电路中使用电能的各种设备统称为负载,即用电器。负载的功能是把电能转变为其他形式的能,例如,电炉把电能转化为热能;电动机把电能转化为机械能等等。通常使用的照明器具、家用电器、机床等都可以统称为负载。

（3）导线

导线是用来把电源、负载和其他辅助设备连接成一个闭合回路的设备,起着传输电能的作用,一般由导电性能良好的金属丝（如铜丝）制成。

（4）辅助设备

辅助设备是用来实现对电路的控制、分配、保护及测量等作用的。辅助设备主要包括各种开关、熔断器及测量仪表等。

什么是串联电路?

串联电路是一种电流依次通过每一个组成元件的电路。串联电路的基本特征是只有一条支路,串联电路有以下 5 个特征:

（1）流经每个电阻的电流相等。因为直流电路中同一支路的各个截面有相同的电流强度。

（2）总电压（串联电路=两端的电压）等于分电压（每个电阻两端的电压）之和,用关系式表示即: $U=U_1+U_2+\cdots\cdots U_n$。

（3）总电阻等于分电阻之和。把欧姆定律分别用于每个电阻可得 $U_1=IR_1$, $U_2=IR_2\cdots\cdots U_n=IR_n$,代入 $U=U_1+U_2+\cdots\cdots+U_n$ 中,即可

得 $U=I(R_1+R_2+\cdots\cdots+R_n)$。这个等式说明，如果用一个阻值为 $R=R_1+R_2+\cdots\cdots+R_n$ 的电阻元件代替原来 n 个电阻的串联电路，这个元件的电流将与原串联电路的电流相同。因此，电阻 R 叫做原串联电阻的等效电阻或总电阻。由此说总电阻等于分电阻之和。

(4)各电阻分得的电压与其阻值成正比。

(5)各电阻分得的功率与其阻值成正比。

在串联电路中，开关可以在任何位置控制整个电路，即开关的作用与其所在的位置无关。电流只有一条通路，经过一盏灯的电流必然经过另一盏灯。如果熄灭一盏灯，另一盏灯也一定熄灭。

串联电路的优点在于：在一个电路中，如果想控制所有电路，即可使用串联电路；串联电路的缺点在于：只要有某一处断开，整个电路就成为断路，即所相串联的电子元件均不能正常工作。

什么是并联电路？

电路中的各个用电器并列地接到电路的两点间，用电器的这种连接方式叫做并联。比如，一个包含两个电灯泡和一个 9 V 电池的简单电路，如果两个电灯泡分别由两组导线分开地连接到电池上，则两灯泡为并联。

在并联电路中，从电源正极流出的电流在分支处会分为两路，每一路都有电流流过，因此即使某一支路断开，但另一支路仍会与干路构成通路。由此可见，在并联电路中，各个支路之间互不干涉。

并联电路具有如下特征：

(1)并联电路中各支路的电压都相等，并且等于电源总电压，

用关系式表示即：$U=U_1=U_2=\cdots\cdots=U_n$。

（2）并联电路中的干路电流（或说总电流）等于各支路电流之和，用关系式表示即：$I=I_1+I_2+\cdots\cdots+I_n$。

（3）并联电路中的总电阻的倒数等于各支路电阻的倒数和，用关系式表示即：$1/R=1/R_1+1/R_2+\cdots\cdots+1/R_n$。

（4）并联电路中的各支路电流之比等于各支路电阻的反比，用关系式表示即：$I_1/I_2=R_2/R_1$，$I_2/I_3=R_3/R_2$，$\cdots\cdots$，$I_{(n-1)}/I_n=R_n/R_{(n-1)}$。

（5）并联电路中各支路的功率之比等于各支路电阻的反比，用关系式表示即：$P_1/P_2=R_2/R_1$，$P_2/P_3=R_3/R_2$，$\cdots\cdots$，$P_{(n-1)}/P_n=R_n/R_{(n-1)}$。

（6）并联电路增加用电器相当于增加电阻的横截面积。

什么是电压表？

电压表是指固定安装在电力、电信、电子设备面板上使用的仪表，用来测量交、直流电路中的电压。常用的电压表是伏特表。

大部分的电压表都分为2个量程：0~3V和0~15V。

在电压表里面，有一个磁铁和一个导线线圈，通过电流后，会使线圈产生磁场，这样线圈通电后在磁铁的作用下会旋转，这就是电流表、电压表的表头部分。这个表头所能通过的电流极小，两端所能承受的电压也极小（只有零点零几伏甚至更小），为了能测量我们实际电路中的电压，我们需要给这个电压表串联一个比较大的电阻，做成电压表。这样，即使两端加的电压比较大，大部分电压也都作用在我们加的那个大电阻上了，作用在表头上的电压是微乎其微的，可以忽略不计。由此可见，电压表是一种内部电阻很大的仪器，一般其电阻都会大于几千欧。

在使用电压表测量电压时,必须注意正确的使用方法,即:

(1)机械调零,即把指针调到零刻度。

(2)并联,电压表内阻很大,串联在电路中会造成断路。

(3)正进负出,即使电流从正极接入流进,从负极接入流出。

(4)量程,即被测电压不能超过电压表的量程。如果不能准确估计电路上的电压,必须先用大的量程试触,等到粗略测得电压之后,再用适合的量程测量。否则可能因为电压过大而打弯指针,从而损坏电压表。

什么是欧姆定律?

在同一电路中,导体中的电流跟导体两端的电压成正比,跟导体的电阻阻值成反比,这就是欧姆定律。欧姆定律的基本公式是 $I=U/R$。欧姆定律是由乔治·西蒙·欧姆提出的,为了纪念他对电磁学的卓越贡献,物理学界将电阻的单位命名为欧姆,以符号 Ω 表示。

根据欧姆定律的基本公式 $I=U/R$ 可以推导出 $R=U/I$ 或 $U=IR$ 两个推导式。根据这两个推导式不能说导体的电阻与它两端的电压成正比,与通过它的电流成反比,因为导体的电阻是它本身的一种性质,取决于导体的长度、横截面积、材料和温度,即使它两端没有电压,没有电流通过,其阻值也是一个定值。这个定值在一般情况下,可以看成是不变的;但是对于光敏电阻和热敏电阻来说,电阻值是不固定的。而对于一般的导体来说,还存在超导的现象,这些都会影响电阻的阻值。

什么是伏安法？

伏安法，也称为伏特计、安培计法，是一种较为普遍的测量电阻的方法，主要是利用欧姆定律，即 $R=U/I$ 来测出电阻值。由于是用电压除以电流，所以叫做伏安法。

用电压表并联来测量电阻两端的电压，用电流表串联来测量电阻通过的电流强度。但由于电表的内阻往往对测量结果有影响，因此这种方法常常带来明显的系统误差。

伏安法有 2 种接法：外接法和内接法。所谓外接和内接，就是电流表接在电压表的外面或里面。如果接在外面，测得的是电压表和电阻并联的电流，而电压值是准确的，根据欧姆定律并联时的电流分配与电阻成反比，这种接法适用于测量阻值较小的电阻；如果接在里面，电流表准确，但电压表测得的是电流表与电阻共同的电压，根据欧姆定律，并联时的电压分配与电阻成正比，这种接法适用于测量阻值较大的电阻。

用伏安法测量电阻，虽然精确度不是很高，但所用的测量仪器比较简单，而且操作也比较方便，因此是最基本的测电阻的方法，应用也非常普遍。

什么是电功？

电流所做的功叫做电功，电功用字母 W 表示。

我们都知道，水流可以做功，比如水流可以推动水轮机做功。那么电流可以做功吗？给小电动机通电，电动机就会转起来，可以把砝码提起。这个实验表明：电流同样可以做功。电动机通电以

一口气读懂物理常识

后,一方面电动机消耗电能,同时砝码的机械能增加。因此,在电流通过电动机做功的过程中,电能转化为机械能。

电流不但通过电动机时做功,通过电灯、电炉等用电器时都会做功。电流通过电炉时发热,这是电能转化为内能,俗称为热能。电流通过电灯时,灯丝灼热发光,这也是电能转化为热能和光能。

电流在做功的时候,实际就是电能转化为其他形式能量的过程。电流做了多少功,就有多少电能转化为其他形式的能量。

大量的试验结果表明:在通电时间相同的情况下,电压越大,电流越大,砝码被提升得就越高,这就表示电流做的功越多。如果保持电压和电流不变,通电时间越长,砝码被提升得也越高,表明电流做的功就越多。

由此可见,电流所做的功与电压、电流及通电时间成正比。如果电压 U 的单位用伏特,电流 I 的单位用安培,时间 t 的单位用秒。电功 W 的单位用焦耳,那么,计算电功的公式就是:$W=UIt$,即是说,电流在某段电路上所做的功,等于这段电路两端的电压、电路中的电流与通电时间的乘积。

什么是电功率?

电流在单位时间内所做的功叫做电功率。电功率是用来表示消耗电能快慢的物理量,用字母 P 表示,它的单位是瓦特(Watt),简称瓦,符号是 W。瓦特的意思是 1 焦耳/秒(1 J/s),即每秒钟转换、使用或耗散的能量的速率。

在日常生活中，更为常用的电功率单位是千瓦。千瓦和瓦特的换算关系为：1 千瓦＝1000 瓦特。

"瓦特"这一单位是以英国科学家詹姆斯·瓦特的名字命名的，瓦特对蒸汽机的发展曾做出了重大贡献。"瓦特"这一单位名称首先于 1889 年被英国科学促进协会第二次会议采用。1960 年，国际计量大会第十一次会议采用瓦特作为国际单位制中功率的单位。

电功率是一个表示消耗能量快慢的物理量，一个用电器功率的大小等于它在 1 秒内所消耗的电能。如果在"t"的时间内消耗的电能为"W"，那么这个用电器的电功率就是 $P=W/t$，根据电功的计算公式 $W=UIt$，我们可以得出：$P=UI$，即电功率等于电压与电流的乘积。

在实际生活中，电功率又有额定功率和实际功率之分。每个用电器都有一个正常工作的电压值，即额定电压，用电器在额定电压下正常工作的功率叫做额定功率，用电器在实际电压下工作的功率叫做实际功率。

什么是焦耳定律？

1841 年，英国物理学家焦耳发现载流导体中产生的热量 Q（称为焦耳热）与电流 I 的平方、导体的电阻 R、通电时间 t 成正比，这个规律就叫做焦耳定律，用关系式表示即：$Q=I^2Rt$。焦耳定律是定量说明传导电流将电能转换为热能的定律。

如果电流所做的功全部产生热量，即电能全部转化为内能，

一口气读懂物理常识

这时电功就等于热量，即 $Q=W$。电热器和白炽电灯就属于这类情况。

在串联电路中，由于通过导体的电流相等，通电时间也相等，根据焦耳定律，可以知道导体产生的热量跟电阻成正比。

在并联电路中，由于导体两端的电压相等，通电时间也相等，根据焦耳定律，可以知道电流通过导体产生的热量跟导体的电阻成反比。

根据焦耳定律，利用电流的热效应可以制作出很多加热设备，例如电炉、电烙铁、电熨斗、电饭锅、电烤炉、电热毯等都是日常生活中常用的电热器。电热器的主要组成部分是发热体，发热体是由电阻率大、熔点高的电阻丝绕在绝缘材料上制成的。

什么是磁性？

能吸引铁、钴、镍等物质的性质叫做磁性。磁铁两端磁性强的区域叫做磁极，一端称为北极或 N 极，另一端称为南极或 S 极。实验证明：同性磁极相互排斥，异性磁极相互吸引。铁中有很多具有两个异性磁极的原磁体，在没有外磁场作用时，这些原磁体排列紊乱，它们的磁性相互抵消，对外不显磁性。当把铁靠近磁铁时，这些原磁体在磁铁的作用下，会整齐地排列起来，使靠近磁铁的一端具有与磁铁极性相反的极性而相互吸引。这说明铁中由于原磁体的存在能够被磁铁所磁化。而铜、铝等金属是没有原磁体结构的，因此不能被磁铁所吸引。

磁性是物质放在不均匀的磁场中会受到磁力的作用。在相同的不均匀磁场里，物质磁性的强弱是由单位质量的物质所受到的

磁力方向和强度来确定的。因为任何物质都具有磁性,因此任何物质在不均匀磁场中都会受到磁力的作用。

在磁极周围的空间里存在一种场,我们把它称为磁场。磁性物质的相互吸引等就是通过磁场进行的。我们都知道,物质之间存在万有引力,它是一种引力场。磁场与引力场相似,是一种布满磁极周围空间的场。磁场的强弱可以用假想的磁力线的数量来表示,磁力线越密,则表示磁场越强;磁力线越疏,则表示磁场越弱。

物质的磁性不仅是普遍存在的。近到我们的身体和周围的物质,远至各种星体和星际中的物质,微观世界的原子、原子核和基本粒子,宏观世界的各种物质,都具有这样或那样的磁性。

什么是磁体?

我们把物体能够吸引铁、钴、镍等物质的性质叫做磁性,而具有磁性的物体就叫做磁体。

磁体是一种很神奇的物质。它具有一种无形的力,即磁力。这种力既能把一些东西吸过来,又能把一些东西排开。

那么,磁体的磁力源于何处呢?

(1)磁畴说。磁畴理论是用量子理论从微观上阐释铁磁质的磁化机理。所谓磁畴,指的是磁性材料内部的一个个小区域,每个区域内部都包含大量原子,这些原子的磁矩就像一个个小磁铁那样整齐地排列着,但相邻的不同区域之间原子磁矩排列的方向是不同的。各个磁畴之间的交界面叫做磁畴壁。宏观物体一般具有很多磁畴。这样,磁畴的磁矩方向各不相同,结果相互抵消,矢量和即为零,整个物体的磁矩就为零,它也就不能吸引其他磁性材

料了。也就是说磁性材料在正常情况下并不对外显示磁性。只有当磁性材料被磁化之后,它才能对外显示磁性。

(2)安培分子电流假说。安培认为,构成磁体的分子内部存在一种环形电流,即分子电流。由于分子电流的存在,每个磁分子都成为一个小磁体,两侧相当于两个磁极。在通常情况下,磁体分子的分子电流取向是杂乱无章的,它们产生的磁场相互抵消,对外不显磁性。当外界磁场作用以后,分子电流的取向大致相同,分子间相邻的电流作用抵消,而表面部分没抵消,它们的效果显示出宏观磁性。

安培的分子电流假说带有很大的臆测成分,因为在当时,人们对物质结构的认识有限,所以无法证实分子电流假说的科学性。但是今天,我们已经知道了物质是由分子组成的,而分子又是由原子组成的,原子中有绕核运动的电子,因此安培的分子电流假说有了实在的内容,它已经成为认识物质磁性的重要依据。

什么是磁场?

磁场是电流、运动电荷、磁体或变化电场周围空间存在的一种特殊形态的物质。磁场是一种看不见、摸不着的特殊物质,它存在于磁体周围的空间里。磁体间的相互作用就是以磁场作为媒介的。因为磁体的磁性来源于电流,电流又是电荷的运动,因此概括地说,磁场是由运动电荷或变化电场产生的。

磁场的基本特征是可以对其中的运动电荷施加作用力,磁场对电流、磁体的作用力或力距都是源于此。与电场相似,磁场是在一定空间区域里连续分布的矢量场,描述磁场的基本物理量是磁

感应强度，也可以用磁感线形象地表示。然而，作为一个矢量场，磁场的性质与电场有很大的不同。运动电荷或变化电场产生的磁场，或两者之和的总磁场，都是无源有旋的矢量场，磁力线都是闭合的，不中断、不交叉。换句话说，在磁场中不存在发出磁力线的源头，也不存在会聚磁力线的尾闾，磁力线闭合表明沿磁力线的环路积分不为零，即磁场是有旋场而不是势场。

磁场是有方向性的，规定小磁针的北极在磁场中某点所受磁场力的方向为该电磁场的方向。从北极出发到南极的方向，在磁体内部是由南极到北极，在外可表现为磁感线的切线方向或放入磁场的小磁针在静止时北极所指的方向。磁场的南北极正好与地理的南北极相反，并且一端的两种极之间存在一个偏角，叫做磁偏角。磁偏角不断地发生缓慢变化，掌握磁偏角的变化对于使用指南针指向具有非常重要的意义。

什么是电磁场？

电磁场是有内在联系、相互依存的电场和磁场的统一的总称。电磁场是电磁作用的媒递物，具有能量和动量，是物质存在的一种形式。随时间变化的电场产生磁场，随时间变化的磁场产生电场，二者互为因果，形成电磁场。电磁场可以由变速运动的带电粒子引起，也可以由强弱变化的电流引起。无论是哪种原因引起的，变化的电磁场总以波动的形式在空间传播，形成电磁波。电磁波以光速向四周传播，具有可交换的能量和动量。电磁波和实物的相互作用，电磁波和粒子的相互转化等等，都证明电磁场是一种客观存在的物质，它的"特殊"只在于它没有静质量。

　　磁现象是最早被人类认识的物理现象之一。指南针是中国古代四大发明之一。磁场广泛存在于宇宙之中,地球、恒星(如太阳)、星系(如银河系)、行星、卫星以及星际空间和星系际空间,都存在着磁场。为了认识和解释其中的很多物理现象和过程,必须考虑磁场这一重要因素。在现代科技和人类生活中,磁场更是无所不在,发电机、电动机、变压器、电报、电话、收音机乃至加速器、热核聚变装置、电磁测量仪表等等都与磁现象有着密切的关系。甚至在人体内部,伴随着生命活动,一些组织和器官内都会产生微弱的磁场。

什么是地磁场？

　　地磁场是指从地心至磁层顶的空间范围内的磁场。人类在很早的时候就已经知道地磁场的存在,这主要来源于天然磁石和磁针的指极性。地磁的北磁极在地理的南极附近;地磁的南磁极在地理的北极附近。磁针的指极性是因为地球的北磁极（磁性为 S 极）吸引着磁针的 N 极,地球的南磁极（磁性为 N 极）吸引着磁针的 S 极。这种说法最初是由英国物理学家吉伯于 1600 年提出的。吉伯所作出的地磁场来源于地球本体的假定是正确的,这一点已经被德国数学家高斯在 1839 年首次运用球谐函数分析法所证实。

　　地磁的磁感线与地理的经线是不平行的, 它们之间的夹角称为磁偏角。我国古代的著名科学家沈括是第一个注意到磁偏角现象的科学家。

　　地磁场包括两个部分, 即基本磁场和变化磁场,它们在成因上完全不同。基本磁场是地磁场的主要部分,源自于地球内部,比

较稳定,变化非常缓慢。变化磁场包括地磁场的各种短期变化,主要源自于地球外部,并且非常微弱。

地球的基本磁场可以分为偶极子磁场、非偶极子磁场和地磁异常几个组成部分。偶极子磁场是地磁场的基本成分,其强度约占地磁场总强度的90%,产生于地球液态外核内的电磁流体力学过程,即自激发电机效应。非偶极子磁场主要分布于亚洲东部、非洲西部、南大西洋和南印度洋等几个地域,平均强度占地磁场的10%左右。地磁异常又可以分为区域异常和局部异常,它与岩石和矿体的分布有关。

地球的变化磁场可以分为平静变化和干扰变化两大类型。平静变化主要是以一个太阳日为周期的太阳静日变化,其场源分布于电离层中。干扰变化包括磁暴、地磁亚暴、太阳扰日变化和地磁脉动等,场源是太阳粒子辐射同地磁场相互作用在磁层和电离层中产生的各种短暂的电流体系。磁暴是全球同时发生的强烈磁扰,持续时间为1~3天,幅度可达10纳特。其他几种干扰变化主要分布于地球的极光区内。除外源场外,变化磁场还有内源场。内源场是由外源场在地球内部感应出来的电流所产生的。将高斯球谐分析用于变化磁场,可以将这种内、外场区分开。根据变化磁场的内、外场相互关系,可以得出地球内部电导率的分布。这已成为地磁学的一个重要领域,称为地球电磁感应。

地球变化磁场既与磁层、电离层的电磁过程相联系,又与地壳上地幔的电性结构有关,因此在空间物理学和固体地球物理学的研究中都具有重要意义。

什么是磁通量？

假设在磁感应强度为 B 的匀强磁场中，有一个面积为 S 并且与磁场方向垂直的平面，磁感应强度 B 与面积 S 的乘积，叫做穿过这个平面的磁通量，简称为磁通。

用公式表示为：$\Phi = BS$，其中 Φ 为磁通量，B 为磁感应强度，S 为面积。适用条件必须是 B 与 S 平面垂直。在国际单位制中，磁通量的单位是韦伯，符号为 Wb，是为了纪念德国物理学家威廉·韦伯而命名的。

通过某一平面的磁通量的大小，可以用通过这个平面的磁感线的条数的多少来形象地说明。在同一磁场的图示中，磁感线越密的地方，也就是穿过单位面积的磁感线条数越多的地方，磁感应强度就越大。因此，磁感应强度越大，面积越大，穿过这个面的磁感线条数就越多，磁通量也就越大。

通量概念是描述矢量场性质的必要手段，而通量密度则是描述矢量场强弱的必要手段。磁通量和磁通密度就是如此。磁通密度是通过垂直于磁场方向的单位面积的磁通量，它等于该处磁场磁感应强度的大小。磁通密度精确地描述了磁力线的疏密程度。

什么是磁感线？

在磁场中画一些曲线（用虚线或实线表示），使曲线上任何一点的切线方向都跟这一点的磁场方向相同（且磁感线互不交叉），这些曲线就叫做磁感线。磁感线是一种闭合曲线。

磁感线的概念是著名物理学家法拉第最先发明并将其引入物

149

理学的。在电场中可以用电场线形象地描述各点的电场方向，在磁场中同样可以用磁感线来描述各点的磁场方向。磁感线是在磁场中画出的实际上并不存在的一些有方向的曲线，这些曲线上每一点的切线方向都与这点的磁场方向一致。

假设将小磁针放在磁铁的磁场中，小磁针受磁场的作用，静止时它的两极指向确定的方向。在磁场中的不同点，小磁针静止时指的方向不一定相同。这个现象说明，磁场是有方向性的，物理学中规定，在磁场中的任意一点，小磁针的北极（N 极）所指的方向为磁感线的方向。磁铁周围的磁感线都是从 N 极出来进入 S 极，在磁体内部磁感线从 S 极到 N 极。

在不同的磁场中，判断磁感线的方法也不相同。

条形磁铁和蹄形磁铁的磁感线判断起来比较简单，在磁铁外部，磁感线从 N 极出来，进入 S 极；在内部则由 S 极到 N 极。

在直线电流磁场的磁感线分布中，磁感线是以通电直线导线为圆心作无数个同心圆，同心圆环绕着通电导线。经过实验表明，如果改变电流的方向，各点磁场的方向都变成相反的方向，即是说磁感线的方向随电流方向的改变而改变。直线电流的方向跟磁感线方向之间的关系可以用安培定则（即右手螺旋定则）来判定：用右手握住导线，让伸直的拇指所指的方向与电流的方向一致，弯曲的四指所指的方向就是磁感线的环绕方向。

流过环形导线的电流简称为环形电流，从环形电流磁场的磁感线分布可以看出，环形电流的磁感线也是一些闭合曲线，这些闭合曲线同样环绕着通电导线。环形电流的磁感线方向也随电流

方向的改变而改变。研究环形电流的磁场时，我们最关心的是圆环轴上各点的磁场方向，这同样可以用右手定则来判定：让右手弯曲的四指和环形电流的方向一致，伸直的拇指所指的方向就是圆环的轴线上磁感线的方向。

通电螺线管是由一圈接一圈的导线绕成的。导线外面涂着绝缘层，因此电流不会由一圈跳到另一圈，只能沿着导线流动，这种导线称为绝缘导线。通电螺线管可以看成是放在一起的很多通电环形导线，我们自然能想到二者的磁场分布也一定是相似的。实际情况就是如此。要判断通电螺线管内部磁感线的方向，就必须知道螺线管的电流方向。螺线管的电流方向与它内部磁感线的方向，同样可以用安培定则来判定：用右手握住螺线管，让弯曲的四指所指的方向跟电流的方向一致，伸直的拇指所指的方向就是螺线管内部磁感线的方向。通电螺线管外部的磁感线和条形磁铁外部的磁感线相似，并与内部的磁感线连接，形成一条条闭合的曲线。

什么是电磁铁？

内部带有铁芯、利用通有电流的线圈使其像磁铁一样具有磁性的装置，叫做电磁铁。电磁铁通常制成条形或者蹄形。铁芯要用容易磁化、又容易消失磁性的软铁或硅钢来制作。这样的电磁铁在通电时立刻有磁性，断电后磁性立刻随之消失。

电磁铁有很多优点，比如：电磁铁磁性的有无可以通过通、断电流控制；磁性的大小可以通过电流的强弱或线圈的匝数来控制；还可以通过改变电阻控制电流大小来控制磁性大小；电磁铁

的磁极可以由改变电流的方向来控制等等。

电磁铁可以分为直流电磁铁和交流电磁铁2大类型。如果按照用途来划分,电磁铁可以分成以下5种:

(1)牵引电磁铁。这种电磁铁主要用来牵引机械装置、开启或关闭各种阀门,以执行自动控制任务。

(2)起重电磁铁。这种电磁铁主要用作起重装置,用来吊运钢锭、钢材、铁砂等铁磁性材料。

(3)制动电磁铁。这种电磁铁主要用于对电动机进行制动以达到准确停车的目的。

(4)自动电器的电磁系统。比如电磁继电器和接触器的电磁系统、自动开关的电磁脱扣器以及操作电磁铁等都属于此类。

(5)其他用途的电磁铁。比如磨床的电磁吸盘和电磁振动器等。

电磁铁是电流磁效应(电生磁)在实际生活中的应用,在日常生活中应用非常广泛,与我们的生活密切相关,如电磁继电器、电磁起重机、磁悬浮列车等。

电流的磁效应是如何被发现的?

任何通有电流的导线,都可以在其周围产生磁场。这种现象称为电流的磁效应。电流的磁效应是由奥斯特发现的。

长期以来,磁现象和电现象是被作为两个毫不相干的领域分开进行研究的,特别是吉尔伯特对磁现象与电现象进行深入分析对比后,曾断言电与磁是两种截然不同的现象,根本没有一致性。

一口气读懂物理常识

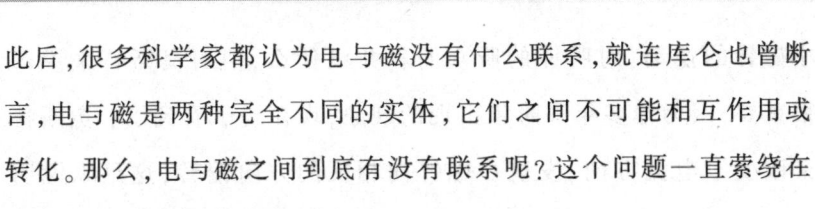

此后，很多科学家都认为电与磁没有什么联系，就连库仑也曾断言，电与磁是两种完全不同的实体，它们之间不可能相互作用或转化。那么，电与磁之间到底有没有联系呢？这个问题一直萦绕在很多有志探索的科学家心头。

丹麦物理学家奥斯特就是其中的一位。奥斯特是康德哲学思想的信奉者，深受康德等人关于各种自然力相互转化的哲学思想的影响，奥斯特坚信客观世界的各种力具有统一性，并着手对电、磁的统一性进行研究。1751年，富兰克林用莱顿瓶放电的办法使钢针磁化，这对奥斯特启发很大，他意识到电向磁的转化并不是可能与不可能的问题，而是如何实现的问题，电与磁转化的条件才是问题的关键。

起初，奥斯特根据电流通过直径较小的导线会发热的现象推测：如果通电导线的直径进一步缩小，那么导线就会发光。如果直径进一步缩小到一定程度，就会产生磁效应。但奥斯特沿着这条思路并没有发现电向磁的转化现象。奥斯特没有因此灰心，仍然继续实验，不断思索。他分析了以往实验都是在电流方向上寻找电流的磁效应，所以结果都失败了，难道电流对磁体的作用根本不是纵向的，而是一种横向力？带着这个疑问，奥斯特继续进行新的探索。1820年4月的一天晚上，奥斯特在为精通哲学和具备相当物理知识的学者讲课时，突发"灵感"，在讲课结束时说："让我把通电导线与磁针平行放置来试试看！"于是，他在一个小伽伐尼电池的两极之间接上一根很细的铂丝，在铂丝正下方放置一枚磁针，然后接通电源，小磁针微微地跳动，转到与铂丝垂直的方向。

小磁针的摆动,对听课的听众而言并没什么,但对奥斯特来说却很重要,因为他多年来盼望出现的现象,现在终于看到了!奥斯特又改变了电流方向,发现小磁针向相反的方向偏转,这足以说明电流方向与磁针的转动之间有着某种联系。

为了进一步弄清楚电流对磁针的作用,奥斯特于1820年4月~7月,足足用了3个月的时间,做了60多个实验,他把磁针放在导线的上方、下方,考察电流对磁针作用的方向;把磁针放在距导线不同距离,考察电流对磁针作用的强弱;把玻璃、金属、木头、石头、瓦片、松脂、水等物质放在磁针和导线之间,考察电流对磁针的影响……1820年7月21日,奥斯特发表了题目为《关于磁针上电流碰撞的实验》的论文,这篇论文的发表向全世界宣布了电流的磁效应。1820年7月21日作为一个划时代的日子被载入史册,它揭开了电磁学的序幕,标志着电磁学时代的到来。

奥斯特当时把电流对磁体的作用称作"电流碰撞",他总结出了2个特点:①电流碰撞存在于载流导线的周围;②电流碰撞"沿着螺纹方向垂直于导线的螺纹线传播"。奥斯特的实验证实了电流所产生的磁力的横向作用,他坚持了20年的信念,终于靠自己的不懈努力成功证实了。

什么是电磁继电器?

电磁继电器是由美国科学家约瑟夫·亨利发明的。继电器是一种电子控制器件,它包括控制系统(又称输入回路)和被控制系统(又称输出回路)两部分,通常应用于自动控制电路中,它实际

一口气读懂物理常识

154

上是用较小的电流、较低的电压去控制较大的电流、较高的电压的一种"自动开关"，因此在电路中起着自动调节、安全保护、转换电路等作用。

电磁继电器一般由电磁铁、衔铁、弹簧片、触点等部分组成，其工作电路由低压控制电路和高压工作电路两部分构成。只要在线圈两端加上一定的电压，线圈中就会有一定的电流通过，从而产生电磁效应，衔铁就会在电磁力吸引的作用下克服返回弹簧的拉力吸向铁芯，从而带动衔铁的动触点和静触点（常开触点）吸合。当线圈断电以后，电磁的吸力也就随之消失，衔铁就会在弹簧的反作用力下返回原来的位置，使动触点与原来的静触点（常闭触点）吸合。这样的吸合、释放，从而就达到了在电路中的导通、切断的目的。对于继电器的"常开、常闭"触点，可以这样来区分：继电器线圈未通电时处于断开状态的静触点，就是"常开触点"；处于接通状态的静触点，就是"常闭触点"。

什么是电磁感应？

闭合电路的一部分导体在磁场中做切割磁感线运动，导体中就会产生电流。这种现象叫做电磁感应现象。由此产生的电流称为感应电流。

上述定义是中学物理课本中的定义，是为了便于学生理解而做出的定义，它并不能全面概括电磁感现象：闭合线圈面积不变，改变磁场强度，磁通量也会改变，也会发生电磁感应现象。因此，电磁感应准确的定义应该是：因磁通量变化产生感应电动势的现象。

由电磁感应的定义我们可以知道，电磁感应必须符合以下3

155

个条件：

（1）电路必须是闭合且通的；

（2）穿过闭合电路的磁通量发生变化；

（3）电路的一部分在磁场中做切割磁感线的运动，切割磁感线的运动是为了保证闭合电路的磁通量发生改变。

在上述三个条件中，如果缺少第一个条件，则不会产生感应电流，但感应电动势仍然存在（前提是有磁通量的变化）。如果缺少第二个条件，则必定不会产生感应电动势，也就没有感应电流产生。如果缺少第三个条件，则需要视情况而定，如果闭合回路的磁通量发生变化而无切割磁感线，比如闭合线圈静止在磁感应强度变化的磁场中，此时仍然会有感应电流产生；如果闭合回路的磁通量未发生变化而闭合回路在切割磁感线，则此时回路中没有感应电流产生。

在电磁感应现象中，之所以强调闭合电路的"一部分导体"，是因为当整个闭合电路切割磁感线时，左右两边产生的感应电流方向分别为逆时针和顺时针，对于整个电路来说，电流就相互抵消了。

1820年，H·C·奥斯特发现电流磁效应以后，很多物理学家便试图寻找它的逆效应，提出了磁能否产生电，磁能否对电作用的问题。1822年，D·F·J·阿喇戈和A·冯·洪堡在测量地磁强度时，偶然发现金属对附近磁针的振荡有阻尼作用。1824年，阿喇戈根据这个现象做了铜盘实验，发现转动的铜盘能带动上方自由悬挂的磁针旋转，但磁针的旋转与铜盘不同步，稍微滞后。电磁阻尼和

电磁驱动是最早发现的电磁感应现象，但由于没有直接表现为感应电流，当时未能予以说明。

1831年8月，法拉第在软铁环两侧分别绕两个线圈，其一为闭合回路，在导线下端附近，法拉第平行放置一个磁针，另一个与电池组相连，接开关，形成有电源的闭合回路。经过实验发现，合上开关，磁针偏转；切断开关，磁针反向偏转，这表明在无电池组的线圈中出现了感应电流。法拉第立刻意识到，这是一种非恒定的暂态效应。紧接着他做了几十个实验，把产生感应电流的情形概括为5类：变化的电流；变化的磁场；运动的恒定电流；运动的磁铁；在磁场中运动的导体。法拉第把这些现象正式定名为电磁感应。进而，法拉第发现，在相同条件下，不同金属导体回路中产生的感应电流与导体的导电能力成正比。由此，法拉第认识到，感应电流是由与导体性质无关的感应电动势产生的，即使没有回路，也没有感应电流，感应电动势仍然存在。

电磁感应现象的发现，是电磁学领域中最伟大的成就之一。它不但揭示了电与磁之间的内在联系，而且为电与磁之间的相互转化奠定了实验基础，为人类获取巨大而廉价的电能开辟了新途径，因此具有非常重要的现实意义。电磁感应现象的发现，标志着一场重大的工业和技术革命的到来。事实证明，电磁感应在电工、电子技术、电气化、自动化等方面有着非常广泛的应用。

什么是安培定则？

所谓安培定则，是表示电流和电流激发磁场的磁感线方向间

关系的定则,也称为右手螺旋定则。它主要包括以下两方面的内容:

(1)通电直导线中的安培定则,即安培定则一:用右手握住通电直导线,让大拇指指向电流的方向,那么四指的指向就是磁感线的环绕方向。

(2)通电螺线管中的安培定则,即安培定则二:用右手握住通电螺线管,使四指弯曲与电流方向一致,那么大拇指所指的那一端就是通电螺线管的N极。左手则正好相反。

直线电流的安培定则对一小段直线电流同样适用。以直线电流的安培定则为根本,环形电流的安培定则可以由直线电流的安培定则导出。环形电流可以看成由多段小直线电流组成,对每一小段直线电流用直线电流的安培定则判定出环形电流中心轴线上磁感强度的方向,叠加起来就可以得到环形电流中心轴线上磁感线的方向。直线电流的安培定则对电荷作直线运动产生的磁场也适用,这时电流方向与正电荷运动方向相同,与负电荷运动方向相反。

什么是交流电?

交流电也称为交变电流,简称交流,英文写作 Alternating Current,简称为 AC。一般指大小和方向随时间作周期性变化的电压或电流。其发明者是尼古拉·特斯拉。交流电的最基本的形式是正弦电流。所谓正弦交流电,是指随时间按照正弦函数规律变化的电压和电流。由于交流电的大小和方向都是随时间不断变化的,

一口气读懂物理常识

也就是说，每一瞬间电压（电动势）和电流的数值都是不同的，所以在分析和计算交流电路时，必须标明它的正方向。在我国，交流电供电的标准频率规定为 50 赫兹，日本等国家为 60 赫兹。交流电随时间的变化可以有多种多样的表现形式。不同表现形式的交流电，其应用范围和产生的效果也是不同的。

在交流电中，以正弦交流电的应用最为广泛，并且其他非正弦交流电一般都可以经过数学处理以后，转化成为正弦交流电的叠加。

当线圈在磁场中匀速转动时，线圈里就会产生大小和方向作周期性改变的交流电。目前使用的交流电，一般是方向和强度每秒钟改变 50 次。我们日常生活中的电灯、电动机等用的电都是交流电。

正弦交流电需要用频率、峰值和位相三个物理量来描述。交流电所要讨论的基本问题是电路中的电流、电压关系以及功率（或能量）的分配问题。由于交流电具有随时间变化的特点，因而产生了一系列有别于直流电路的特性。在交流电路中使用的元件不但有电阻，而且有电容元件和电感元件，使用的元件多了，现象和规律就复杂了。

交流电一般是用交流发电机发出的。在发电过程中，多对磁极按照一定的角度均匀分布在一个圆周上。在发电过程中，各个线圈切割磁力线，由于具有多对磁极，每对磁极产生的磁力线被切割产生的电压、电流都是按照弦规律变化的，因此能够不断地产生稳定的电流。交流电的频率一般是 50 赫兹，即每秒变化 50

一口气读懂物理常识

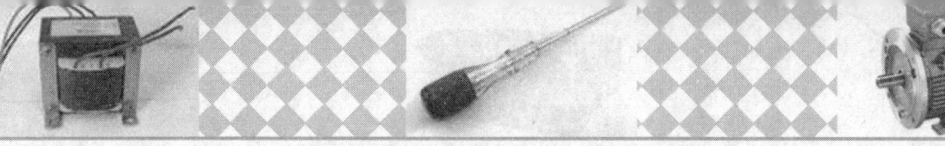

次。当然还有其他频率,如电子线路中有方波的、三角形的等,但这些波形的交流电不是导体切割磁力线产生的,而是电容充放电、开关晶体管工作时产生的。

什么是直流电?

直流电,英文写作 Direct Current,简称为 DC,是指方向和时间不作周期性变化的电流,又称为恒定电流。直流电所通过的电路称为直流电路,是由直流电源和电阻构成的闭合导电回路。

直流电一般分为 2 种:①方向和大小都不随时间变化的"恒稳直流";②方向不变,但大小却随时间变化的"脉动直流"。直流电可以通过蓄电池或直流发电机等直流电源获得,也可以由交流电经过整流器获得。

测量直流电路中电流、电压、电阻、电源电动势等物理量的仪表叫做直流仪表。常用的有灵敏电流表(即 G 表)电流表、伏特计、电桥、电势差计等。

直流电源有化学电池、燃料电池、温差电池、太阳能电池、直流发电机等。直流电主要应用于各种电子仪器、电解、电镀、直流电力拖动等方面。利用直流电,还可以进行水的电解实验:将负极插入水中,可以使水电解为氢气;将正极插水中,则可以使水电解为氧气。

在电力传输方面,19 世纪 80 年代以后,由于不便于将直流电低电压升至高电压进行远距离传输,直流输电曾被交流输电取代。20 世纪 60 年代以后,因为采用了高电压、大功率的变流器将

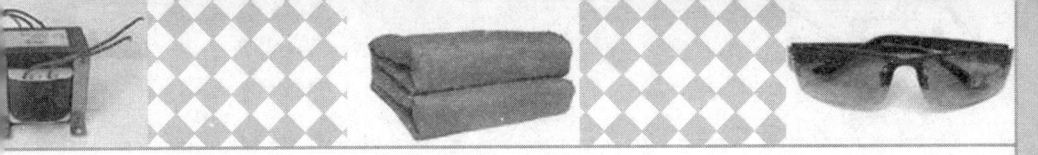

直流电变为交流电,直流输电系统又重新受到重视并获得了新的发展。

什么是发电机?

电能是现代社会不可缺少的能源之一。发电机是将其他形式的能源转换为电能的机械设备,它主要由水轮机、汽轮机、柴油机或其他动力机械驱动,将水流、气流、燃料燃烧或原子核裂变产生的能量转化为机械能传给发电机,再由发电机转换成电能。发电机在工农业生产、国防、科技以及日常生活中都有着广泛的用途。

发电机的种类有很多,但其工作原理都是基于电磁感应定律和电磁力定律。因此,发电机构造的一般原则是:用适当的导磁和导电材料构成互相进行电磁感应的磁路和电路,以产生电磁功率,从而达到能量转换的目的。

发电机大致可以分为以下几类:直流发电机、交流发电机、同步发电机、异步发电机。其中,交流发电机还可以分为单相发电机和三相发电机。

发电机通常由定子、转子、端盖和轴承等部件构成。定子由定子铁芯、线包绕组、机座以及固定这些部分的其他部件组成。转子由转子铁芯(或磁极、磁轭)绕组、护环、中心环、滑环、风扇和转轴等部件组成。由轴承和端盖将发电机的定子、转子连接组装起来,使转子能在定子中旋转,做切割磁力线的运动,从而产生感应电势,通过接线端子引出,接在回路中,从而就产生了电流。

直流发电机和交流发电机的工作原理各是怎样的？

发电机可以分为直流发电机和交流发电机。

直流发电机主要由发电机壳、磁极铁芯、磁场线圈、电枢和炭刷等部分组成。其基本工作原理是这样的：当柴油机（或其他动力机械）带动发电机电枢旋转时，因为发电机的磁极铁芯存在剩磁，所以电枢线圈便在磁场中切割磁力线，根据电磁感应原理，由磁感应产生电流并经炭刷输出电流。

虽然在需要直流电的地方，可以用电力整流元件，把交流电变为直流电，但从使用方便、运行的可靠性以及某些工作性能方面来看，交流电整流是远不及直流发电机的。

交流发电机主要由磁性材料制造多个南北极交替排列的永磁铁（称为转子）和硅铸铁制造并绕有多组串联线圈的电枢线圈（称为定子）组成。其基本工作原理是这样的：转子由柴油机（或其他动力机械）带动切割磁力线，定子中交替排列的磁极在线圈铁芯中形成交替的磁场，转子旋转一圈，磁通的方向和大小变换多次，由于磁场的变换作用，在线圈中将产生大小和方向都变化的感应电流并由定子线圈输送出电流。

什么是电动机？

电动机，俗称为马达，是一种将电能转化成机械能，并可以再使用机械能产生动能，用来驱动其他装置的电气设备。

按运动方式的不同，电动机可以分为 2 种类型：①旋转式器

一口气读懂物理常识

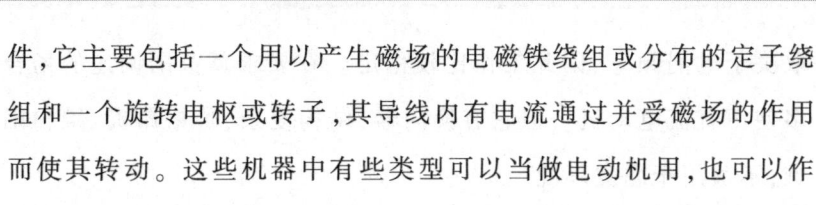

件,它主要包括一个用以产生磁场的电磁铁绕组或分布的定子绕组和一个旋转电枢或转子,其导线内有电流通过并受磁场的作用而使其转动。这些机器中有些类型可以当做电动机用,也可以作发电机用。②线性马达。

按照使用的电源不同,电动机又可以分为直流电动机和交流电动机。电力系统中的电动机多为交流电机,可以是同步电机,也可以是异步电机,电机定子磁场转速与转子旋转转速不保持同步速度的即为异步电机。电动机主要由定子和转子组成。通电导线在磁场中受力运动的方向跟电流方向和磁感线(磁场方向)方向有关。电动机的工作原理就是磁场对电流受力的作用,使电动机转动。

电动机是将电能转变为机械能的一种机器。通常电动机的做功部分作旋转运动,这种电动机称为转子电动机;也有作直线运动的,叫做直线电动机。电动机能提供的功率范围很大,从毫瓦级到万千瓦级。电动机的使用和控制非常方便,具有自起动、加速、制动、反转、掣住等能力,能满足各种运行需求;电动机的工作效率较高,又没有烟尘、气味,不污染环境,噪声也比较小。由于它具有这样一系列优点,所以在工农业生产、交通运输、国防、商业及家用电器、医疗电器设备等各方面应用十分广泛。

各种电动机中应用最为广泛的是交流异步电动机,又称为感应电动机。它使用方便、运行可靠、价格低廉、结构牢固,但功率因数较低,调速也比较困难。大容量低转速的动力机常用同步电动机。同步电动机不但功率因数高,而且其转速与负载大小无关,只

取决于电网频率，因此工作比较稳定。在要求宽范围调速的场合多使用直流电动机。但它有换向器，结构复杂，价格昂贵，维护困难，不适用于恶劣环境。

电动机是谁发明的？

美国物理学家亨利与法拉第同时作出电磁感应的伟大发现。1830年8月，亨利在实验时已经观察到了电磁感应现象，这比法拉第发现电磁感应要早1年。但是当时亨利正在集中精力研制更大的电磁铁，所以并没有及时发表这一实验成果，也没有及时地申请专利，从而失去了发明权。但是亨利从不计较个人名利，他认为知识应该为全世界人类所共享，因此他从未与法拉第争过发现权，只是专心致志地献身于科学事业。所以一直到今天，人们还是将电磁感应现象的发现归功于法拉第。

1831年，美国物理学家亨利设计出最初的电子式电动机。受到亨利的启发，一位名叫威廉·里奇的人设计并制造出了一台可以转动的电动机。里奇的这台电动机类似于我们今天在实验室里组装的直流电动机模型。

一直到19世纪40年代，俄国科学家雅科比使电动机变得更为实用了。他用电磁铁代替永久磁铁进行工作。这种新型电动机当时被装在一艘游艇上，载着几名乘客驶过了涅瓦河。这一事件在当时引起了极大的轰动。此后，出生于克罗地亚的美国人特斯拉于1888年制造出了第一台感应电动机，这种电动机在各种电动机中算是应用最广的一种。感应电动机能将交流电快速输入一组

称为"定子"的外线圈，继而产生一个旋转磁场。转轴内的一组线圈则称为"转子"，它会被定子的旋转磁场感应出电流，然后转子会因电流变化而转变成电磁铁。

什么是变压器？

变压器是利用电磁感应的原理来改变交流电压的装置。变压器的主要构件是初级线圈、次级线圈和铁心（磁芯）。在电器设备和无线电路中，变压器常用来升降电压、匹配阻抗、安全隔离等。

变压器由铁芯(或磁芯)和线圈组成，线圈有 2 个或 2 个以上的绕组，其中接电源的绕组叫做初级线圈，其余的绕组叫做次级线圈。当初级线圈中通有交流电流时，铁芯(或磁芯)中就会产生交流磁通，使次级线圈中感应出电压(或电流)。

按照用途不同，变压器可以分为：配电变压器、电力变压器、全密封变压器、组合式变压器、干式变压器、单相变压器、电炉变压器、整流变压器、电抗器、抗干扰变压器、防雷变压器、箱式变电器、试验变压器、转角变压器等等。

在发电机中，无论是线圈运动通过磁场或磁场运动通过固定线圈，都能在线圈中感应电势。这两种情况中，磁通的值都不变，但与线圈相交链的磁通数量却有变化，这就是互感应的原理。变压器就是一种利用电磁互感应原理，变换电压、电流和阻抗的器件。

变压器虽然是用来改变交流电压的装置，但它不仅能改变交流电的电压，同时还能改变阻抗，在不超设计功率时，还可以改变

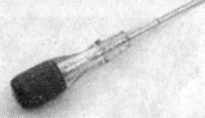

电流。

在不同的环境中,变压器的用途也不相同,比如:

(1)在远距离输入电线路中,为了减小线路损耗,从发电厂出来的电,要先升压至几万伏(如 11 千伏),到达目的地时,再降压(如 220 伏)。

(2)在电子放大线路中,为了使两线放大间转输能量消耗最少,要进行阻抗匹配,用变压器连接,就可以起到改变阻抗的作用。

(3)电焊时,在焊条和焊件之间所需要电流很大(几十至几百安),而需要的电压却很小(几伏)。电焊机就是一个变压器,它将高电压(如 220 伏)变为低电压,而在不改变功率的条件下,在输出端依然能产生很大的电流。

(4)有时候,在同一个环境中需要不同的电压,而变压器可以制成多绕组的或中间抽头式的,从而就能产生多种电压。

(5)在交流稳压器中,采用即时改变输出线圈的圈数,从而可以达到调速输出电压的目的。

实用电学篇

闪电为什么总是弯弯曲曲的?

我们都知道,带异性电的两块云接近时就会放出闪电,闪电中因为高温使空气体积迅速膨胀、水滴汽化而发出强烈的爆炸声,这就是我们常说的"闪电雷鸣"。

我们所看到的闪电一般都是弯弯曲曲的,而不是直的,这是为什么呢?

当空中存在带电云时,云和云、云和地面之间,就会形成电场,当有带电粒子(宇宙射线)进入电场时,就会因为受到电场力而加速,当其速度达到一定值时,与空气中的其他分子碰撞,就会使之电离成为带负电的电子和带正电的原子核,其中电子由于质量很小,在电场中很容易被加速,从而继续与空气中的其他分子碰撞就会使之电离,这样就会在很短的时间里,沿电子运动路线,产生大量的带电粒子,它们在电场中加速、碰撞,形成一个放电通道,并把其电场能转化为动能再转化为热能、光能等,形成高温的迅速膨胀的带电粒子团,高温使其发光,迅速膨胀使其发生爆炸,产生雷声,这样就形成了雷电。

由此可知,带电粒子的产生是高速运动的电子不断和空气中的分子碰撞时产生的,电子在碰撞以后就不可能再保持原有的方向,因此其运动路线就不会是直线的,因为很难保证所有电子运动方向相同,因此闪电通常会出现分支。

美国国家气象局的内泽特·赖德尔认为,每当暴风雨来临时,雨点即能获得额外的电子。电子是带负电的,这些电子会追寻地面上的正电荷。额外的电子流出云层后,会碰撞别的电子,使别的

电子也变成游离电子,因此就产生了传导性轨迹。由于空气中散布着很多不规则形状的带电离子群,传导性轨迹就在这些带电离子群中间跳跃着迂回延伸,因此,闪电的轨迹总是蜿蜒曲折的。

闪电和打雷是同时发生的吗?

我们通常总是先看到闪电,后听到雷声,所以很多人认为闪电是先于雷发生的。其实闪电和雷声是同时发生的,但是它们在大气中传播的速度相差很大,光每秒大约传播30万千米,而声音每秒只传播340米。因此人们总是先看到闪电然后才听到雷声。根据这个现象,我们可以从看到闪电起到听到雷声止,然后根据这一段时间的长短,来计算闪电发生处和我们之间的距离。假如闪电在西北方,隔了10秒就听到了雷声,说明这块雷雨距离我们约有3400米远。

遇到闪电应该怎么做?

闪电是一种非常危险的放电现象,因此在雷雨天气,我们必须学会保护自己。

（1）如果没有必要,就不要冒险外出,留在室内。

（2）不要靠近打开的门、窗、火炉、暖气片、金属管道、阴沟、插上电源的电气用具等。

（3）在雷雨期间不要使用插入式电气设备,如电吹风、电压刷或电动剃须刀等。

（4）雷雨期间,不要使用电话,因为闪电可能击中外面的电话线。

（5）不要去外面收晒衣绳上的衣服。

（6）不要从事栅栏、电话或输电线、管道或建筑钢材等安装工作。

（7）不要使用金属物体，如渔竿、高尔夫球棍等，因为金属物体很容易成为电击的对象。

（8）不要处理打开的容器里的易燃材料。

（9）离开水和小船。

（10）如果您正在汽车里，那么就继续呆在汽车里，汽车往往是极好的避雷设施。在没有掩蔽所的时候，应该避开该地的最高物体。如果附近只有孤立的树，那么您的最好防护就是蹲在露天下，离开树的距离应该是树高度的2倍。

（11）避开金属丝栏杆、金属晒衣绳、敞开的棚子以及任何突出地面的导电物体。

（12）当您感觉到电荷时，即如果您的头发竖起，或者您的皮肤颤动，那么您可能就受到电击了，这时候要立刻倒在地上。受到雷击的人会严重休克，并且可能被烧伤，但是他们身上不带电，可以安全进行处理。被电击昏的人，通常进行及时的人工呼吸、心脏按摩以及一些其他抢救措施就能够苏醒。

（13）如果您居住的位置较高，最好在您的屋顶安装避雷针。

电灯泡为什么呈梨形？

在日常生活中，我们通常看到的电灯泡一般都是梨子形状的，这是为什么吗？

电灯泡的灯丝一般是用金属钨制成的。通电以后，灯丝发热，

温度高达 2500℃以上。金属钨在高温下会升华，一部分金属钨的微粒会从灯丝表面跑出来，附着在灯泡内壁上。如果时间长了，灯泡就会变黑，降低亮度，影响照明。

根据气体对流是自下而上的特点，人们在制造灯泡时，在灯泡内充上少量惰性气体，并把灯泡做成梨形。这样，灯泡内的惰性气体对流时，金属钨蒸发时的黑色微粒大部分被气体卷到上方，附着在灯泡的颈部，这样就可以保持玻璃透明，使灯泡亮度不受影响。

电灯是如何发明的？

灯是人类征服黑暗的重大发明。19世纪以前，人们用油灯、蜡烛等来照明，虽然这已经冲破了黑暗的束缚，但仍未能把人类从黑暗的限制中彻底解脱出来。在发电机诞生以后，人类才得以用各式各样的电灯来照明，把黑夜变得亮如白昼，为人类带来了极大的便利。那么，电灯是谁发明的？是怎样被发明的呢？

发明电灯的人是美国科学家爱迪生。爱迪生是铁路工人的孩子，小学没读完就辍学了，靠在火车上卖报度日。爱迪生是一个异常勤奋的人，喜欢做各种实验，制作出很多巧妙的机械。他对电器特别感兴趣，自从法拉第发明电机以后，爱迪生就决心制造电灯，为人类带来光明。

爱迪生在认真总结了前人制造电灯的失败经验以后，制定了一份详细的试验计划，分别在两方面进行试验：①分类试验1600多种不同耐热的材料；②改进抽空设备，使灯泡具有高真空度。

爱迪生将1600多种耐热发光材料逐一地进行试验，其中只有

白金丝性能最好，但白金价格十分昂贵，普通人根本用不起，必须找一种更合适的材料来代替。1879年，经过多次实验，爱迪生最后决定采用炭丝来作灯丝。他把一截棉丝撒满炭粉，弯曲成马蹄形，装到坩锅中加热，做成灯丝，放到灯泡中，再用抽气机抽去灯泡内的空气，电灯亮了，竟能连续使用45个小时。就这样，世界上第一批炭丝的白炽灯问世了。

为了研制电灯，爱迪生在实验室里常常一天工作十几个小时，有时连续好几天做实验。在采用炭丝作灯丝以后，他又接连试验了6000多种植物纤维，最后又选用竹丝，通过高温密闭炉烧焦，再加工，得到炭化竹丝，装到灯泡里，再次提高了灯泡的真空度，电灯竟可以连续点亮1200个小时。

继爱迪生之后，1909年，美国柯进而奇使用钨丝代替炭丝，使电灯效率猛增。从此，电灯跃上了一个新台阶，日光灯、碘钨灯等形形色色的灯如雨后春笋般登上了照明舞台。

为什么小鸟站在电线上不会触电？

当我们走在马路上时，时常可以看到成群的麻雀或小鸟停落在几万伏的高压电线上，它们不仅不会触电，而且一个个显得悠然自得。但是，我们都知道，如果有人不小心碰到高压线，就会立即触电身亡。

那么，同样都是一根高压线，为什么小鸟站在上面就不会触电呢？

电分为正负两极。在正负两极之间连接上导体，电流就会从导体上流过。同样的道理，电线也分为正负两根。人体是导体，人

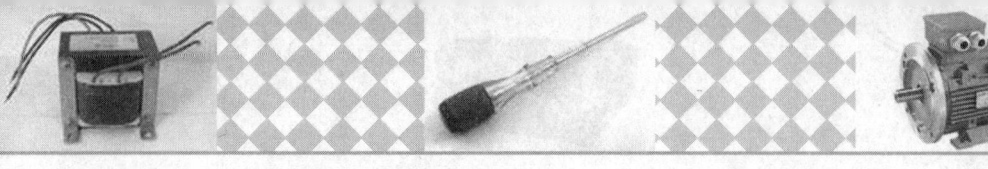

的身体较大,在碰到电线时,就会把两根电线连在一起,形成短路,人体就会有大电流流过,这就是人触电身亡的原因。因为小鸟身体较小,它只接触了一根电线,它的身体和所站的那根电线是等电位,身体上不会有电流通过,所以它们不会触电。

但如果是蛇爬到电线上就危险了,它的身体较长,当它爬到高压线上后,就会把正负两根电线连接在一起,从而造成触电死亡。

电工在高压线上的带电作业,就跟小鸟站在一根电线上的道理是一样的,因此能够安全操作。

如何正确连接家庭电路中的火线与零线?

家庭电路里的两根电线,一根叫火线,另一根叫零线。火线与零线的区别在于它们对地的电压不同:火线的对地电压等于220伏;由于零线本身是跟大地连接在一起的,所以它的对地电压等于零。因此,当人的一部分碰上了火线,另一部分站在地上,人的这两个部分之间的电压就等于220伏,就有触电的危险了。反之如果人站在地上,即使用手去抓零线,由于零线的对地电压等于零,所以人体各部分之间的电压都等于零,人就没有触电的危险。

一旦火线和零线相碰,由于两者之间的电压等于220伏,而两接触点间的电阻几乎等于零,这时的电流就会非常大,在火线和零线的接触点处将产生巨大的热量,从而发出电火花,火花处的高温足以把金属导线熔化。因此接地是电器设备安全技术中最重要的工作,必须认真对待。那种不加考虑随意接地的做法常常会给电器设备造成不良的后果,甚至会造成人身伤害。

目前，我们常用的电源插座大多是单相三线插座或单相二线插座。单相三线插座中，中间为接地线，也作定位用，另外两端分别接火线和零线，接线的顺序是左零右火，即左边为零线，右边为火线。凡是外壳是金属的家用电器都采用单相三线制电源插头。三个插头呈正三角形排列，其中上面最长最粗的铜制插头就是地线，地线下面两个分别是火线（标志字母为"L"，为 Live Wire 的缩写）、零线（标志字母为"N"，为 Naught Wire 的缩写），切记顺序是左零右火。

在连接时，千万不要将零线端和定位用的地线端连在一起，因为有的设备采用二线插头，如果设备的电源火线、零线接反或使用中插错位置，就会造成火线、零线短路，从而烧毁设备，造成难以弥补的损失。因此，即使家里的三线插座中没有接地，也最好使用三线电源插头和三线插座，以确保安全。

那么，在实际生活中如何区分火线与零线呢？

（1）用颜色区分：在动力电缆中黄色、绿色、红色分别代表 A 相、B 相、C 相（三相火线），蓝色代表零线，黄绿双色代表接地线。

（2）用电笔区分：火线用电笔测试时会发光，而零线不会。

（3）用电压表区分：不同相线（即火线）之间的电压为线电压 380 伏，相线（火线）与零线（或良好的接地体）之间的电压为相电压 220 伏，零线与良好的接地体之间的电压为 0 伏。

在连接线路时，应该注意以下事项：

（1）要防止触电及短路。

（2）要注意开关控制火线。

（3）零线上最好不要接保险。

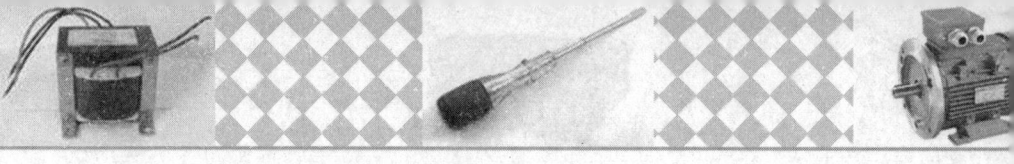

（4）灯座的中心部接火线。

（5）接地线与零线不要混用。

（6）用电器如果断火线，触摸用电器不会触电；如果断零线，触摸用电器就会触电。

什么是电能表？

电能表是用来测量电能的仪表，俗称为电度表、火表等。

电能表的工作原理是这样的：当把电能表接入被测电路时，电流线圈和电压线圈中就有交变电流通过，这两个交变电流分别在它们的铁芯中产生交变的磁通；交变磁通穿过铝盘，在铝盘中感应出涡流；涡流又在磁场中受到力的作用，从而使铝盘得到转矩（主动力矩）而转动。用电器消耗的功率越大，通过电流线圈的电流越大，铝盘中感应出的涡流就越大，使铝盘转动的力矩也就越大，即转矩的大小跟用电器消耗的功率成正比。功率越大，转矩也越大，铝盘转动也就越快。铝盘转动时，又受到永久磁铁产生的制动力矩的作用，制动力矩和主动力矩方向相反；制动力矩的大小与铝盘的转速成正比，铝盘转动得越快，制动力矩也越大。当主动力矩与制动力矩达到暂时平衡时，铝盘就会匀速转动。用电器所消耗的电能与铝盘的转数成正比。铝盘转动时，带动计数器，把所消耗的电能指示出来。这就是电能表工作的简单过程。

按照原理划分，电能表可以分为感应式和电子式两种：①感应式电能表采用的是电磁感应的原理，它把电压、电流、相位转变为磁力矩，推动铝制圆盘转动，圆盘的轴（蜗杆）带动齿轮驱动计度器的鼓轮转动，转动的过程就是时间量累积的过程。因此，感应

式电能表具有直观、动态连续、停电不丢数据的优点。②电子式电能表运用模拟或数字电路得到电压和电流向量的乘积，然后通过模拟或数字电路实现电能计量功能。因为应用了数字技术，分时计费电能表、预付费电能表、多用户电能表、多功能电能表等纷纷登场，进一步满足了科学用电、合理用电的需求。

使用电能表时必须注意，在低电压（不超过 500 伏）和小电流（几十安）的情况下，电能表可以直接接入电路进行测量。在高电压或大电流的情况下，电能表绝不能直接接入线路，需要配合电压互感器或电流互感器使用。对于直接接入线路的电能表，要根据负载电压和电流选择合适规格的，使电能表的额定电压和额定电流等于或稍大于负载电压或电流。此外，负载的用电量要在电能表额定值的 10% 以上，否则计量就不准确，甚至有时根本无法带动铝盘转动。

保险丝的工作原理是怎样的？

保险丝又叫做温度保险丝。保险丝是一种安装在电路中，以确保电路安全运行的电器元件。保险丝一般是由电阻率比较大而熔点较低的银铜合金制成的。

最早的保险丝是由爱迪生发明的。因为当时的工业技术不发达，白炽灯价格非常昂贵，所以保险丝最初是用来保护价格昂贵的白炽灯的。

保险丝一般由 3 部分组成：①熔体部分。熔体是保险丝的核心，熔断时起到切断电流的作用，同一类、同一规格保险丝的熔体，材质必须相同、几何尺寸也要相同、电阻值尽可能地小并且要

一致,最重要的是熔断特性必须一致。②电极部分。电极部分通常有两个,它是熔体和电路连接的重要部件,它必须有良好的导电性,不能产生明显的安装接触电阻。③支架部分。保险丝的熔体一般都很纤细柔软,支架的作用就是将熔体固定,并且使三个部分成为刚性的整体,以便于安装和使用,支架必须有良好的机械强度、绝缘性、耐热性和阻燃性,这样在使用过程中才不会产生断裂、变形、燃烧及短路等现象。

电力电路以及大功率设备所使用的保险丝,不仅具有一般保险丝的三个部分,还有一个灭弧装置。因为这类保险丝所保护的电路不但工作电流较大,而且当熔体发生熔断时,它两端的电压也非常高,往往会出现熔体已熔化甚至已汽化,但是电流却还没有切断的情形,其原因就是在熔断的一瞬间在电压和电流的作用下,保险丝的两电极之间发生拉弧现象,因此必须安装一个灭弧装置。这个灭弧装置必须有很强的绝缘性和很好的导热性,并且呈负电性。例如石英砂就是一种常用的灭弧材料。

此外,还有一些保险丝有熔断指示装置,它的作用就是当保险丝熔断以后,其本身发生一定的外观变化,以便于被维修人员发现,例如发光、变色、弹出固体指示器等。

当电流流过导体时,由于导体存在一定的电阻,所以导体会发热,并且发热量遵循着这个公式:$Q=0.24I^2RT$。其中 Q 是发热量,0.24 是一个常数,I 是流过导体的电流,R 是导体的电阻,T 是电流流过导体的时间。根据这个公式,我们就可以看出保险丝的简单的工作原理了。一旦保险丝的材料和形状确定了,它的电阻 R 就相对确定了(不考虑它的电阻温度系数)。当电流流过保险丝

时,它就会发热,随着时间的增加,它的发热量也会增加。电流和电阻的大小确定了产生热量的速度,保险丝的构造和它的安装状况确定了热量耗散的速度,当产生热量的速度小于热量耗散的速度时,保险丝不会熔断。当产生热量的速度等于热量耗散的速度时,在相当长的时间内保险丝也不会熔断。当产生热量的速度大于热量耗散的速度时,那么产生的热量就会越来越多,又因为它有一定比热和质量,其热量的增加就表现在温度的升高上,当温度升高至保险丝的熔点以上时,保险丝就会熔断。这就是保险丝的工作原理。

通过保险丝的工作原理,我们可以知道,在设计制造保险丝时,必须认真地研究所选材料的物理特性,并且确保它们有一致的几何尺寸,因为这些因素对保险丝能否正常工作起着至关重要的作用。

什么是测电笔?

测电笔也叫试电笔,简称电笔,是一种电工工具,用来测试电线中是否带电。笔体中有一个氖泡,测试时如果氖泡发光,说明导线有电,或者为通路的火线。

使用试电笔时,一定要用手触及试电笔尾端的金属部分,否则,因为带电体、试电笔、人体与大地没有形成回路,试电笔中的氖泡不会发光,就会造成判断错误,误认为带电体不带电。

目前,试电笔可以分为:①螺丝刀式试电笔——形状为一字螺丝刀,是一种兼试电笔与一字螺丝刀于一体的两用工具。②感应式试电笔——采用感应式测试,不需要物理接触,可用于检查控

制线、导体和插座上的电压或沿导线检查断路位置。这种试电笔极大地保障了维护人员的人身安全。

测电笔具有很多测试功能，下面是常见的几种：

(1)判断交流和直流电。交流电通过验电笔时氖泡中两极会同时发亮，而直流电通过时氖泡里只有一个极发亮。

(2)判断直流电的正负极。将验电笔跨接在直流电的正、负极之间，氖泡发亮的一头为负极，不发亮的一头为正极。

(3)判断交流电的同相和异相。两手各持一支验电笔，站在绝缘体上，把两支笔同时触及待测的两条导线，如果两支验电笔的氖泡均不太亮，则表明两条导线是同相；如果发出很亮的光说明是异相。

(4)测试直流电是否接地，并判断是正极还是负极接地。在要求对地绝缘的直流装置中，人站在地上用验电笔接触直流电，如果氖泡发光，说明直流电存在接地现象；反之则不接地。当验电笔尖端一极发亮时，说明正极接地；如果手握的一极发亮，则说明是负极接地。

(5)用作零线监测器。将验电笔一头与零线相连接，另一头与地线相连接，如果零线断路，氖泡就会发亮；如果零线没有断路，则氖泡不会发亮。

(6)可用作家用电器指示灯。把验电笔中的氖泡与电阻取出，将两元件串联后，接在家用电器电源线的火线和零线之间。家用电器工作时，氖泡就会发光。

(7)判断电器接地是否良好。把验电笔做成电器指示灯以后，如果氖泡光源闪烁，则表明某线头松动，接触不良或电压不稳定。

一口气读懂物理常识

(8)判断物体是否带有静电。手持验电笔接触在物体上,如果氖泡发亮,则说明该物体带有静电。

如何正确使用测电笔?

测电笔测试电压的范围通常在 60~500 伏。

测电笔由笔尖金属体、电阻、氖管、笔身、小窗、弹簧和笔尾的金属体组成。当测电笔测试带电体时,只要带电体、电笔和人体、大地构成通路,并且带电体和大地之间的电位差超过一定数值(例如 60 伏),测电笔里面的氖管就会发光,这就说明被测物体带电,并且超过了一定的电压强度。

使用测电笔时,人手接触电笔的部位一定要在测电笔顶端的金属上,而绝对不能是测电笔前端的金属探头。使用测电笔要使氖管小窗背光,以便看清楚它测出带电体带电时发出的红光。笔握好以后,一般要用大拇指和食指触摸顶端金属,用笔尖去接触测试点,并同时观察氖管是否发光。如果测电笔氖管发光微弱,千万不能轻易断定带电体电压不够高,也许是测电笔或带电体测试点有污垢,也可能测试的是带电体的地线,此时必须擦干净测电笔或者重新选择测试点。在反复测试以后,如果氖管仍然不亮或者微亮,才能最后确定测试体确实不带电或电压不高。

触电是怎么回事?

触电即人体直接接触电源。人体触电时会有一定量的电流通过人体,致使人体组织损伤和功能障碍甚至死亡。触电时间越长,机体的损伤越严重。低电压电流可以使心跳停止或发生心室纤维

颤动,继而呼吸停止。高压电流由于对中枢神经系统强力刺激,先使呼吸停止,继而心跳停止。雷击是一种极强的静电电击。高电压可以使局部组织温度高达 2000~4000℃。闪电是一种静电放电,在闪电一瞬间的温度更高,可以迅速引起组织损伤和"炭化"。肢体肌肉和肌腱受电热灼伤之后,局部会出现水肿,压迫血管,常伴有小营养血管闭塞,从而引起远端组织缺血、坏死。

按照触电事故的方式,触电事故可以分为电击和电伤两种。

(1)电击。电击是电流对人体内部组织的损伤,是最危险的一种伤害,大约 85% 以上的触电死亡事故都是由电击造成的。

按照发生电击时电气设备的状态,可以把电击分为直接接触电击和间接接触电击两种:①直接接触电击,是触及设备和线路正常运行时的带电体发生的电击,比如误触接线端子发生的电击,又称为正常状态下的电击;②间接接触电击,是触及正常状态下不带电,但当设备或线路故障时意外带电的导体发生的电击,比如触及漏电设备的外壳发生的电击,又称为故障状态下的电击。

(2)电伤。电伤是由电流的热效应、化学效应、机械效应等效应对人造成的伤害。触电伤亡事故中,纯电伤性质的和带有电伤性质的约占 75%。尽管大约 85% 以上的触电死亡事故是电击造成的,但其中大约 70% 的包含电伤成分。对专业电工的人身安全来说,预防电伤事故具有更加重要的意义。

按照人体触及带电体的方式以及电流流过人体的途径,电击又可以分为单相触电、两相触电和跨步电压触电 3 种类型。

(1)单相触电。当人体直接碰触带电设备其中的一相时,电流

通过人体流入大地，这种触电现象叫做单相触电。对于高压带电体，人体虽然没有直接接触，但由于超过了安全距离，高电压对人体放电，造成单相接地而引起的触电，也属于单相触电。

（2）两相触电。人体同时接触带电设备或线路中的两相导体，或者在高压系统中，人体同时接近不同相的两相带电导体，从而发生电弧放电，电流从一相导体通过人体流入另一相导体，构成一个闭合回路，这种触电方式叫做两相触电。发生两相触电时，作用于人体的电压等于线电压，这种触电是危险性最大的一种。

（3）跨步电压触电。当电气设备发生接地故障，接地电流通过接地体向大地流散，在地面上形成电位分布时，如果人在接地短路点周围行走，其两脚之间的电位差，就是跨步电压。由跨步电压引起的人体触电，叫做跨步电压触电。

触电的人是被电"吸"住了吗？

在有人不小心触电的时候，我们经常听见人们会说：他（她）被电"吸"住了。真的是电把人"吸"住了吗？

其实这种说法是错误的。学过物理的人都知道，不论是否有电流存在，在一般情况下，导线或电器中的正、负电荷的电量是相等的，对外的静电作用会相互抵消，即使局部地方偶尔出现少许正、负电荷的不等，其静电的引力也是微不足道的。那么，人手在触电时，为什么手不能抽回来？这难道不是被电"吸"住了吗？对于这个问题，我们可以用电流的生理效应来解释。

人手触电时，因为电流的刺激，手会由痉挛到麻痹，即使人脑发出抽回手的指令，无奈手已经无法执行这一指令了。大量的调

查研究表明，绝大多数的触电死亡者，都是手的掌心或手指与掌心的同侧部位触电。在刚刚触电时，手因条件反射而弯曲，而弯曲的方向正好使手不自觉地握住了导线。这样就加长了触电时间，手很快就会痉挛进而麻痹，这时即使想到应该松开手指、抽回手臂，却已经身不由己了，就好像被电"吸"住了一样。如果触电时间再长一点，人的中枢神经就会麻痹，此时就更不可能把手抽回来了。上述这些过程都是在很短的时间内发生的。

假如是手背触电，如果是一般的民用电，则不容易导致死亡。有经验的电工为了判断用电器是否漏电而手边又没有验电笔，有时就会用食指指甲一面去轻触用电器外壳。如果漏电，则食指会因为条件反射而弯曲，弯曲的方向正好是脱离用电器的方向。这样，因为触电时间极短，所以就不会有什么危险。当然，如果电压很高，这样做也是很危险的，因此最好不要这样做。

发现有人触电应该怎么办？

如果发现有人触电，首先应该沉着冷静、迅速果断地采取应急措施。针对不同的伤情，采取相应的急救方法，争分夺秒地抢救，直到医护人员到来。

触电急救的要点是动作迅速、救护得法。如果发现有人触电，首先要使触电者尽快脱离电源，然后根据具体情况，采取相应的救治措施。

使触电者脱离电源的方法主要包括以下几种：

（1）如果开关箱在附近，应该立即拉下闸刀或拔掉插头，断开电源。

（2）如果距离闸刀较远，应该迅速用绝缘良好的电工钳或有干燥木柄的利器，比如刀、斧、锹等砍断电线，或者用干燥的木棒、竹竿、硬塑料管等物迅速将电线拨离触电者。

（3）如果现场没有任何合适的绝缘物可利用，救护人员也可以用几层干燥的衣服将手包裹好，站在干燥的木板上，拉触电者的衣服，使其脱离电源。

（4）对高压触电，应该立即通知有关部门停电，或迅速拉下开关，或由有经验的人采取特殊措施切断电源。

对于触电者的救治，可以按以下三种情况分别处理：

（1）对于触电后神志清醒者，要有专人照顾、观察，等到情况稳定后，方可正常活动；对于轻度昏迷或呼吸微弱者，应该针刺或掐人中、十宣、涌泉等穴位，并要尽快送医院救治。

（2）对于触电后无呼吸但心脏仍有跳动者，应该立即采用口对口的人工呼吸方式；对于有呼吸但心脏停止跳动者，则应该立刻采用胸外心脏挤压法进行抢救。

（3）如果触电者心跳和呼吸都已停止，则应该同时采取人工呼吸和俯卧压背法、仰卧压胸法、心脏挤压法等措施交替进行抢救。

应该采取哪些措施以防止触电事故的发生？

为了防止触电事故的发生，应该注意以下几个方面：

（1）确保电气设备的安装质量；装设保护接地装置；在电气设备的带电部位安装防护罩或将电气设备装在不易触及的地方，或者采用联锁装置。

（2）加强用电管理，建立健全安全工作规程和制度，并严格执行。

（3）在使用、维护、检修电气设备时，必须严格遵守有关安全规程和操作规程。

（4）尽量不要进行带电作业，特别是在危险场所，如高温、潮湿的地点，严禁带电作业；如果必须带电工作时，应该使用各种安全防护工具，如使用绝缘棒、绝缘钳和必要的仪表，戴绝缘手套，穿绝缘靴等，并安排专人监护。

（5）对各种电气设备按规定进行定期检查，如果发现绝缘破损、漏电或其他故障，必须及时处理；对于不能修复的设备，应该及时予以更换，杜绝让其带"病"运行。

（6）根据生产现场情况，在不宜使用 380 伏/220 伏电压的场所，应使用 12~36 伏的安全电压。

（7）禁止非电工人员乱装、乱拆、乱改电气设备，更不能乱接导线。

（8）加强技术培训，普及安全用电知识，多多开展以预防为主的反事故演习。

照明开关为什么必须接在火线上？

如果把照明开关装设在零线上，虽然断开时电灯也不亮，但灯头的相线仍然是接通的，而人们一看到灯不亮，就会错误地认为是处于断电状态。而实际上灯具上各点的对地电压仍然是 220 伏的危险电压。如果灯灭时人们触碰这些实际上带电的部位，就会造成触电事故。因此，各种照明开关或单相小容量用电设备的

开关必须串接在火线上,只有这样才能确保安全。

单相三孔插座如何安装才正确?

通常情况下,单相用电设备,特别是移动式用电设备,都应该使用三芯插头和与之配套的三孔插座。三孔插座上有专用的保护接零(地)插孔。在采用接零保护时,有的人常常仅在插座底内将此孔接线桩头与引入插座内的那根零线直接相连,这是非常危险的。因为万一电源的零线断开,或者电源的火线、零线接反,其外壳等金属部分也将带上与电源相同的电压,这就会导致触电事故的发生。

因此,接线时专用接地插孔必须与专用的保护接地线相连。采用接零保护时,接零线应该从电源端专门引来,而不应就近利用引入插座的零线。

塑料绝缘导线为什么严禁直接埋在墙里?

在房屋装修时,很多人喜欢把塑料绝缘导线埋进墙壁里,以为这样可以万无一失。其实这是极其错误的做法。原因有三个:

(1)塑料绝缘导线在长时间使用之后,塑料皮会老化龟裂,绝缘水平就会大大下降。当线路短时过载或短路时,更容易加速绝缘的损坏。

(2)一旦墙体受潮,就可能引起大面积漏电,危及人身安全。

(3)塑料绝缘导线直接暗埋,不利于线路检修和保养。

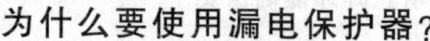

为什么要使用漏电保护器？

漏电保护器，又称为漏电保护开关，是一种新型的电气安全装置。它的主要用途有如下几点：

（1）防止因为电气设备和电气线路漏电引起的触电事故。

（2）防止用电过程中的单相触电事故。

（3）及时切断电气设备运行中的单相接地故障，防止因漏电引起的电气火灾事故。

（4）随着人们生活水平的提高，家用电器的数量和种类不断增加。在用电过程中，由于电气设备本身的缺陷、使用不当或安全技术措施不利等因素造成的人身触电和火灾事故时有发生，给人们的生命和财产带来了很大的损失。而漏电保护器对于预防各类事故的发生、及时切断电源、保护设备和人身安全等方面提供了可靠而有效的技术手段。

合格的漏电保护器在技术上必须满足以下几点要求：

（1）触电保护的灵敏度必须正确合理，一般启动电流应在 15~30 毫安范围以内。

（2）触电保护的动作时间一般情况下不应大于 0.1 秒。

（3）保护器应装有必要的监视设备，以防止运行状态改变时失去保护作用。如对电压型触电保护器，应该装设零线接地的装置。

家庭安全用电有哪些注意事项？

随着家用电器的普及和进一步增多，正确掌握安全用电知

识,确保用电安全已经显得越来越重要了。在家庭用电中,为了确保安全,应该注意以下几个方面的问题:

(1)不要购买"三无"的假冒伪劣电器产品。

(2)使用家用电器时,应该有完整可靠的电源线插头。对金属外壳的家用电器都应该采用接地保护。

(3)不能在地线上和零线上装设开关和保险丝。严禁将接地线接到自来水、煤气管道上。

(4)不要用湿手接触带电设备,不要用湿抹布擦抹带电设备。

(5)不要乱拉、乱拆、乱接电线,不要私自拆卸用电设备,不要随便移动带电设备。

(6)检查和修理家用电器时,必须先切断电源。

(7)家用电器的电源线破损时,应该立即更换或用绝缘布包扎好。

(8)家用电器或电线发生火灾时,应该首先切断电源再灭火。

如何防止电气火灾事故?

首先,在安装电气设备的时候,必须确保质量,并且应该满足安全防火的各项要求。要用合格的电气设备,破损的开关、灯头或破损的电线都不能使用。电线的接头要按规定连接法牢固连接,并且用绝缘胶带包好。对接线桩头、端子的接线要拧紧螺丝,防止因接线松动而造成接触不良。电工安装好设备以后,并不意味着可以一劳永逸了,用户在使用过程中,如果发现灯头、插座接线松动(移动电器插头的接线很容易松动)、接触不良或有过热现象等,应立即找电工及时处理。

其次，不要在低压线路和开关、插座、熔断器附近放置油类、棉花、木屑、木材等易燃物品。

电气火灾前，一般都有一种前兆，这需要引起特别的重视。电线因为过热首先会烧焦绝缘外皮，散发出一种烧胶皮、烧塑料的难闻气味。因此，当闻到这种气味时，应该首先想到可能是电气方面的原因引起的，如果暂时查不到原因所在，应该立即拉闸停电，直到查明原因为止，经过妥善处理之后，才能合闸送电。

如果一旦发生了火灾，不管是不是电气方面的原因引起的，首先要想办法迅速切断火灾范围内的电源。因为如果火灾是电气方面的原因引起的，切断了电源，就等于切断了起火的火源；即使火灾不是电气方面的原因引起的，也会烧坏电线的绝缘外皮，如果不及时切断电源，烧坏的电线就会造成碰线短路，引起更大范围的电线着火。在发生电气火灾以后，应该使用盖土、盖沙或灭火器灭火，但绝不能使用泡沫灭火器，更不能用水灭火，因为泡沫灭火器的灭火剂和水都是导电的。

家庭安全用电有哪些常识？

家庭安全用电是一种常识，每个人都应该了解和掌握。

（1）每个家庭都必须配备一些必要的电工器具，如验电笔、螺丝刀、胶钳等，还必须具备适合家用电器使用的各种规格的保险丝具和保险丝。

（2）每户的家用电表前都必须安装总保险，电表后应安装总刀闸和漏电保护开关。

（3）任何情况下都严禁使用铜、铁丝代替保险丝。保险丝的大

小一定要与用电容量相匹配。更换保险丝时要拔下瓷盒盖更换，不能直接在瓷盒内搭接保险丝，不能在带电情况下（即不拉开刀闸）更换保险丝。

（4）烧断保险丝或漏电开关动作以后，必须查明原因才能再合上开关电源。任何情况下都不得用导线将保险短接或者压住漏电开关跳闸机构强行送电。

（5）购买家用电器时，应该认真查看产品说明书的技术参数（如频率、电压等）是否符合本地用电要求。要清楚耗电功率多少、家庭已有的供电能力是否满足要求，特别是配线容量、插头、插座、保险丝具、电表是否满足要求。

（6）当家用配电设备不能满足家用电器容量要求时，应该予以更换改造，严禁凑合使用。否则超负荷运行会使电气设备遭到损坏，还可能引起电气火灾。

（7）购买家用电器时，还应该了解其绝缘性能：是一般绝缘、加强绝缘还是双重绝缘。如果是靠接地作漏电保护的，那么接地线必不可少。即使是加强绝缘或双重绝缘的电气设备，作保护接地或保护接零也可以确保万无一失。

（8）带有电动机类的家用电器，如电风扇等，必须了解其耐热水平，是否能长时间连续运行等，还要注意家用电器的散热条件。

（9）安装家用电器前应该查看产品说明书对安装环境的要求。尤其要注意：不能把家用电器安装在湿热、灰尘多或有易燃、易爆、腐蚀性气体的环境中。

（10）在敷设室内配线时，相线、零线应标志明晰，并且与家用电器接线保持一致，不能互相接错。

(11) 家用电器与电源连接，必须采用可开断的开关或插接头，禁止将导线直接插入插座孔内。

(12) 凡要求有保护接地或保安接零的家用电器，都必须采用三脚插头和三孔插座，不得用双脚插头和双孔插座代用，造成接地或接零线空档。

(13) 家庭配线中间最好不留接头。必须有接头时应该接触牢固并用绝缘胶布缠绕，或者用瓷接线盒。严禁用医用胶布代替电工胶布包扎接头。

(14) 导线与开关、刀闸、保险盒、灯头等的连接必须牢固可靠、接触良好。

(15) 家庭配线不能直接敷设在易燃的建筑材料上面。如果需要在木料上布线，必须使用瓷珠或瓷夹子；穿越木板必须使用瓷套管。不能使用易燃塑料和其他的易燃材料作为装饰用料。

(16) 接地或接零线虽然正常时不带电，但断线后如遇漏电会使用电器外壳带电；如遇短路，接地线也会通过大电流。为确保安全，接地（接零）线规格应不小于相导线，在其上不得装开关或保险丝，也不得有接头。

(17) 接地线不能接在自来水管上，因为现在自来水管接头堵漏用的都是绝缘带，没有接地效果；不得接在煤气管上，为的是防止电火花引起煤气爆炸；不得接在电话线的地线上，为的是防止强电窜弱电；也不得接在避雷线的引下线上，为的是防止雷电时反击。

(18) 所有的开关、刀闸、保险盒都必须有盖。胶木盖板老化、残缺不全者必须及时更换。脏污受潮者必须停电擦抹干净后才能

使用。

（19）电源线不能拖放在地面上，以防电源线把人绊倒，还要防止损坏绝缘。

（20）家用电器使用前应对照说明书，将所有开关、按钮都置于原始停机位置，然后按说明书要求的开停操作顺序操作。

（21）家用电器通电后如果出现冒火花、冒烟或有烧焦气味等异常情况，应立即停机并切断电源，进行检查。

（22）移动家用电器时必须要切断电源，以防触电。

（23）发热电器周围必须远离易燃物料。电炉、取暖炉、电熨斗等发热电器不能直接搁在木板上，以免引起火灾。

（24）禁止用湿手接触带电的开关；禁止用湿手拔、插电源插头；拔、插电源插头时手指不能接触触头的金属部分；也不能用湿手更换电气元件或灯泡。

（25）对于经常手拿使用的家用电器，如电吹风、电烙铁等，严禁将电线缠绕在手上使用。

（26）对于接触人体的家用电器，如电热毯、电油帽、电热足鞋等，使用前应该先通电试验检查，确保无漏电之后才可以接触人体。

（27）使用家用电器时，先插上不带电侧的插座，最后才合上刀闸或插上带电侧插座；停用家用电器则正好相反，先拉开带电侧刀闸或拔出带电侧插座，然后才拔出不带电侧的插座。

（28）如果出现紧急情况，需要切断电源导线时，必须用绝缘电工钳或带绝缘手柄的刀具。

（29）抢救触电人员时，首先应该断开电源或用木板、绝缘杆

挑开电源线,严禁用手直接拖拉触电人员,以免造成连环触电。

(30)除了电热毯以外,严禁使用床开关。不要把带电的电气设备引到床上,靠近睡眠的人体。即使使用电热毯,如果没有必要整夜通电保暖,也建议发热后断电使用,以确保安全。

(31)家用电器烧焦、冒烟、着火时,必须立即切断电源,严禁用水或泡沫灭火器浇喷。

(32)对室内配线和电气设备要进行定期绝缘检查,如果发现破损,应及时用电工胶布包缠。

(33)对经常使用的家用电器,应该保持其干燥和清洁,不要用汽油、酒精、肥皂水、去污粉等带腐蚀或导电的液体擦拭家用电器的表面。

(34)家用电器损坏以后要请专业人员或送修理店维修,严禁非专业人员在带电情况下打开家用电器的外壳。

家庭用电如何做到省电节能?

(1)照明节电

节能日光灯具有发光效率高、光线柔和、寿命长、耗电少的优点, 一盏 14 瓦节能日光灯的亮度相当于 75 瓦白炽灯的亮度,因此用日光灯代替白炽灯可以使耗电量大大降低。在走廊和卫生间可以安装小功率的日光灯。在看电视时,只开 1 瓦节电日光灯,既节约用电,收看效果又理想。此外,还应做到人走灯灭,消灭"长明灯"现象。

(2)电视机节电

电视机的最亮状态比最暗状态多耗电 50%~60%;音量开得越

大,耗电量也越大。因此看电视时,亮度和音量应该调在人感觉最佳的状态,不要过亮,音量也不要太大。这样不但能节电,而且有助于延长电视机的使用寿命。有些电视机只要插上电源插头,显像管就预热,耗电量为6~8瓦。因此电视机关上以后,不要忘记把插头从电源插座上拔下来。

(3)电冰箱节电

电冰箱应该放置在阴凉通风处,绝不能靠近热源,以确保散热片很好地散热。使用时,尽量减少开门次数和时间。电冰箱内的食物不能塞得太满,食物之间要留有空隙,这样才能使冷气对流。准备食用的冷冻食物,要提前在冷藏室里慢慢融化,这样可以降低冷藏室温度,节省电能消耗。

(4)洗衣机节电

洗衣机的耗电量主要取决于电动机的额定功率和使用时间的长短。由于电动机的功率是固定的,因此要想节省电能,就应该恰当地减少洗涤时间。洗涤时间的长短,要根据衣物的种类和脏污程度来决定。一般洗涤丝绸等精细衣物的时间可以短些,洗涤棉、麻等粗厚织物的时间可以稍长些。如果用洗衣机漂洗,应该先把衣物上的肥皂水或洗衣粉泡沫拧干,再进行漂洗,这样就减少了漂清次数,从而达到节电的目的。

(5)电风扇节电

一般扇叶大的电风扇,电功率就大,消耗的电能也就多。同一台电风扇的最快挡和最慢挡的耗电量相差约40%,在快挡上使用1小时的耗电量能在慢挡上使用将近2小时。因此,常用慢速挡,可以减少电风扇的耗电量。